GESUNDHEIT
VIELFÄLTIGE LÖSUNGEN AUS TECHNIK UND WIRTSCHAFT
Beiträge und Positionen 2014

GRUSSWORT

Mario Czaja
Senator für Gesundheit und Soziales des Landes Berlin

Die Gesundheitswirtschaft ist für Berlin ein zentraler Wachstumsfaktor. Rund 360.000 Menschen arbeiten in der Region Berlin-Brandenburg im Gesundheitssektor. 6.000 Unternehmen erwirtschaften einen Umsatz von ca. 16 Mrd. Euro jährlich und tragen damit wesentlich zur Wirtschaftsleistung der Stadt bei. Berlin füllt seine Tradition als Gesundheitsmetropole und hervorragender Standort für Unternehmen der Medizintechnik und der Pharmaindustrie mit neuem Leben.

Unsere Stadt hat eine einzigartige Geschichte der medizinischen Entwicklungen und eine herausragende gesundheitsbezogene Wissenschafts- und Forschungslandschaft sowie Einrichtungen der Gesundheitsversorgung mit überregionaler Bedeutung und Reputation.

Gesundheit betrifft jeden von uns existenziell und Gesundheitsforschung trägt konkret dazu bei, die Lebensqualität von Menschen zu verbessern. Gesundheit steht dabei als Synonym für ein weites Feld: medizinische Versorgung, wirtschaftliche Potenziale und als Gegenstand von Forschung und Entwicklung. In keiner anderen Region in Deutschland wird sich diesen Themen so umfassend und intensiv mit einer einmaligen Dichte an Forschungseinrichtungen und Hochschulen gewidmet wie in Berlin.

Die HTW Berlin nimmt in diesem Umfeld eine aktive und wichtige Rolle ein. Als eine der vielfältigsten Hochschulen für Angewandte Wissenschaften in der Hauptstadt deckt sie das Thema Gesundheit in sehr vielen Bereichen fachlich ab.

Dabei zeichnet die Hochschule unter anderem aus, dass Gesundheitsforschung als interdisziplinärer Schwerpunkt etabliert wurde. Die HTW Berlin folgt damit der Tradition des Standortes Berlin, an dem bereits in der Vergangenheit medizinischer Fortschritt im Kontext mit sozial- und gesellschaftspolitischen Fragestellungen gedacht und diskutiert wurde. Bei der Entwicklung patienten- und verbraucherfreundlicher Produkte, Dienstleistungen und Verfahren ergänzen sich technische und ingenieurwissenschaftliche Expertise, neueste Forschungserkenntnisse aus den Wirtschafts- und Sozialwissenschaften sowie die Markt- und Designforschung hervorragend.

Die Beiträge in dieser Publikation verdeutlichen die große Themenbreite und das enorme Entwicklungspotenzial der angewandten Forschung an der HTW Berlin im Feld der Gesundheitswissenschaften.

Als Schirmherr des Symposiums „Gesundheit: Vielfältige Lösungen aus Technik und Wirtschaft" begrüße und unterstütze ich den Weg, den die HTW Berlin mit ihrer Ausrichtung auf die praxisnahe Gesundheitsforschung beschritten hat, und wünsche ihr weiter viel Erfolg.

VORWORT

Matthias Knaut
Vizepräsident für Forschung der HTW Berlin

Bärbel Sulzbacher
Leiterin Kooperationszentrum Wissenschaft – Praxis der HTW Berlin

GESUNDHEITSFORSCHUNG AN DER HTW BERLIN

Den Menschen und seine Gesundheit in den Mittelpunkt zu stellen, ist das Ziel der Gesundheitsforschung an der Hochschule für Technik und Wirtschaft (HTW) Berlin. Zum Thema Gesundheit wird mit unterschiedlicher fachlicher Ausrichtung, wechselnden Fragestellungen und Projektbezügen geforscht. In der vorliegenden Publikation stellen sich all jene Fachgebiete vor, die unterschiedliche Aspekte der Gesundheitsforschung bearbeiten, ohne sich im engen Sinn mit der Ausbildung für einen „klassischen" Gesundheitsberuf zu beschäftigen.

Welche Bedeutung hat die Bildung von Forschungsschwerpunkten für die Profilierung einer Hochschule der Angewandten Wissenschaften? Welches Potenzial bergen sie für ein praxisorientiertes Studium? Die Entwicklung von Forschungsschwerpunkten ist ein Prozess, der auf Forschungskompetenzen einzelner Professorinnen und Professoren aufbaut und im besten Fall zu einer interdisziplinären Ausrichtung sowie der Vernetzung führt. Interdisziplinäre Netzwerke können sich gegenseitig stärken und ihre Potenziale regional und national besser sichtbar machen. Die Teambildung

erhöht die Chancen, auf dem umkämpften Forschungsmarkt wahrgenommen und fachlich geschätzt zu werden.

Forschungs- und Entwicklungsprojekte sind auch ein Aushängeschild für die jeweiligen Studienprogramme. Für die Masterprogramme stellt die Integration von Forschungsprojekten in das Studium schon jetzt eine Grundvoraussetzung dar; im Bachelorstudium wird die anwendungsorientierte Arbeit in F & E-Projekten noch zunehmen. Dies verbessert die curriculare Qualität und die Attraktivität der Studienangebote. Die engere Verzahnung von Theorie und Forschung sowie die frühzeitige Zusammenarbeit mit Partnern aus dem beruflichen Umfeld erleichtern den Start in die eigene Berufslaufbahn.

An der Gesundheitsforschung beteiligen sich an der HTW Berlin unterschiedliche Disziplinen, unter anderem

LIFE SCIENCE ENGINEERING: Der noch junge Forschungsbereich profiliert sich mit öffentlich geförderten Projekten, international beachteten Publikationen sowie Promotionen in Kooperation mit Universitäten und Forschungseinrichtungen. Im Mittelpunkt stehen innovative Diagnoseverfahren, pharmazeutische Wirkstoffe sowie neue Herstellungsverfahren für Life Science-Produkte. Die anwendungsorientierten Forschungsvorhaben werden mit Wirtschaftspartnern insbesondere aus der Pharma- und Biotechbranche sowie biomedizinischen Forschungslaboren durchgeführt.

ENERGIE- UND UMWELTTECHNIK: Bei der Erarbeitung energetischer Konzepte und umwelttechnischer Lösungen werden Gesundheitsaspekte seit langem integriert. Ob es um Klimaschutz und Luftreinhaltung, betriebliches Schadstoff- und Abfallmanagement oder nachhaltiges Bauen, energetische Altbausanierung oder Heiz- und Belüftungstechnik geht – immer stellt sich auch die Frage nach den gesundheitlichen Auswirkungen. Die Forschungen konzentrieren sich auf die Erkennung, Vermeidung und Reduktion verschiedener Umweltbelastungsfaktoren und der damit verbundenen Gesundheitsrisiken.

INFORMATIK: Die Gesundheitsinformatik trägt mit IT-gestützten Lösungen für die medizinische Bildauswertung, Qualitätssicherungssysteme bis hin zu telemedizinischen Anwendungen zur Verbesserung der Diagnostik und Gesundheitsversorgung bei. Ressourceneffizienz, Nachhaltigkeit und Gesundheitsschutz zählen zu den Kernanliegen der Umweltinformatik. Die Entwicklung intelligenter Softwarelösungen und der Einsatz umweltverträglicher Informationstechnik tragen dazu bei, betriebliche Prozesse ressourcenschonend zu gestalten und produktionsbedingte Gefahrenquellen zu beseitigen. Informationssysteme, Simulationsprogramme und Datenbanken helfen dabei, Umwelt- und Gesundheitsrisiken zu erkennen und diese zu verringern.

DESIGN UND GESTALTUNG: Im Mittelpunkt der Designforschung stehen Konzepte und Lösungen für Produkte und Verfahren, die „universellen" Nutzungsanforderungen standhalten. Produkte werden so konzipiert und technisch realisiert, dass breite Verbraucherkreise möglichst unabhängig von individuellen und soziokulturellen Parametern diese problemlos nutzen können. Neben ästhetischen, funktionalen und Werkstoffaspekten stehen die Zugänglichkeit und Handhabung, Nutzerfreundlichkeit und Barrierefreiheit im Vordergrund. Diese Anforderungen gelten im Prinzip auch für die Herstellungsverfahren.

MASCHINENBAU, NACHRICHTENTECHNIK, MIKROSYSTEMTECHNIK UND AUTOMATISIERUNGSTECHNIK: Die klassischen Technik- und Ingenieurwissenschaften sind unentbehrlich, wenn es um die fachübergreifende Entwicklung, Realisierung und Erprobung medizintechnischer Produkte oder technischer Assistenzsysteme geht, die bei Krankheit oder Beeinträchtigungen der Seh-, Hör- und Bewegungsfähigkeit eine möglichst selbstbestimmte Lebensführung unterstützen.

BEKLEIDUNGSTECHNIK, MODEDESIGN: Im Mittelpunkt dieser Forschungsvorhaben stehen verbesserte textile Produkte für den Konsumbereich sowie für technische und industrielle Anwendungen. Von der Entwicklung hochwertiger Verbundstoffe und technischer Textilien für den Fahrzeugbau bis hin zur Arbeits-, Sport-, Schutz- oder Alltagsbekleidung – grundsätzlich sind ökologische, ergonomische und gesundheitliche Qualitäts- und Sicherheitsstandards zu integrieren.

FACILITY MANAGEMENT, BAUINGENIEURWESEN UND IMMOBILIENWIRTSCHAFT: Diese Disziplinen arbeiten mit eigenen methodischen Ansätzen zu verschiedenen Problemstellungen an dem verbindenden Ziel, Immobilien so zu planen, zu bauen und zu managen, dass sie ökologisch und gesundheitlich verträglich sind. Die Forschungsvorhaben befassen sich mit nachhaltigem Bauen, intelligenten gebäudetechnischen Lösungen und angepassten Wohnstrukturen in Zeiten des demografischen und sozialen Wandels.

WIRTSCHAFTSWISSENSCHAFTEN: Fragen insbesondere der betrieblichen Gesundheitsvorsorge und -versorgung sowie des Arbeitsschutzes werden von betriebs- und volkswirtschaftlicher Seite ebenso untersucht wie im Bereich des Wirtschaftsrechts und der Wirtschaftskommunikation. Andere Forschungsarbeiten befassen sich mit der Optimierung von Produktionsprozessen im Bereich der Medizintechnik, dem systematischen Qualitätsmanagement in Gesundheitseinrichtungen oder Ansätzen für modernes Pflegemanagement.

Die Gesundheitsforschung hat seit 2012 an der HTW Berlin einen besonderen Aufschwung genommen. Sie wurde im Rahmen der Entwicklung der Forschungsstrategie als einer von drei strategischen Schwerpunkten identifiziert, die das Forschungsprofil der Hochschule prägen. Darüber hinaus setzte sich das Forschungscluster Gesundheit in einem internen, qualitätsgestützten Auswahlverfahren durch, bei dem insgesamt neun Forschergruppen als interdisziplinäre Forschungscluster definiert wurden. Vormals verstreute Kompetenzen und individuell oder durch Kleingruppen geprägte Forschungs- und Projektaktivitäten konnten gebündelt und in ein nachhaltiges Forschungsprogramm eingebunden werden.

Im Forschungscluster Gesundheit wird an der Entwicklung innovativer, effizienter, gesundheits- und umweltfreundlicher Produkte und Herstellungsverfahren und ihrer Einbettung in gut funktionierende betriebliche Abläufe des Wirtschaftsumfeldes Gesundheit gearbeitet.

Die laufenden Forschungsvorhaben befassen sich mit der Entwicklung neuer Medizin- und Pharmaprodukte sowie mit deren Wirtschaftlichkeit und Umweltverträglichkeit. Sie zeigen Wege auf, wie Prozesse in der medizinischen Versorgung effizienter gestaltet werden können. Auch die Herausforderungen des demografischen Wandels sind Forschungsgegenstand, unter anderem wenn es um bessere Versorgung und Pflege im Alter geht. Weitere Untersuchungen setzen sich mit dem betrieblichem Gesundheitsmanagement und den wirtschaftlichen Voraussetzungen einer modernen Gesundheitsversorgung auseinander. Das Forschungscluster Gesundheit versteht sich als Teil der Gesundheitsregion Berlin. Kooperiert wird mit Unternehmen der Medizin-, Pharma- und Gesundheitsbranche, mit Kliniken und Forschungseinrichtungen, mit Versicherungen, Verbänden, Gesundheits- und Pflegeeinrichtungen.

INHALT

GESUNDHEITS-MANAGEMENT & -KOMMUNIKATION

USVERSORGUNG NAGEMENT

LIFE SCIENCES & PHARMA

GESUNDHEITSSCHUTZ

BIOTECHNOLOGIE & MEDIZINTECHNIK

BETRIEBLICHES GESUNDHEITS- MANAGEMENT

& DESIGN

EINFÜHRUNG

Jacqueline Franke
Sprecherin des Forschungsclusters Gesundheit an der HTW Berlin

Bärbel Sulzbacher
Leiterin Kooperationszentrum Wissenschaft – Praxis der HTW Berlin

FÜR MEHR LEBENSQUALITÄT
UND WIRTSCHAFTLICHEN NUTZEN

Die vorliegende Publikation widmet sich mit insgesamt 24 Beiträgen dem Schlüsselthema Gesundheit. Aus verschiedensten fachlichen Perspektiven werden gesundheitsrelevante Forschungsfragen erörtert und innovative Problemlösungen aufgezeigt. Die einzelnen Beiträge verdeutlichen exemplarisch die große thematische Spannbreite, mit der Gesundheitsforschung an der Berliner Hochschule für Technik und Wirtschaft (HTW Berlin) betrieben wird. Sie zeigen die Tragweite und den direkten Einfluss, den neben der Medizin gerade auch die technisch-naturwissenschaftlichen, sozioökonomischen und kulturwissenschaftlichen Forschungsansätze auf die Gesundheit und Lebensqualität breiter Bevölkerungsteile haben. Deutlich wird auch das enorme wirtschaftliche Potenzial. Die Gesundheitswirtschaft ist für Berlin und Brandenburg ein Entwicklungsmotor, der zukunftsfähige Arbeitsplätze, Produkte und Dienstleistungen entstehen lässt.

NEUES AUS DEN LEBENSWISSENSCHAFTEN

Im Bereich *Life Science Engineering* liegt ein Schwerpunkt auf der Entwicklung biotechnologischer Produkte und Verfahren. Analysiert und getestet werden unter anderem neue Wirkstoffe für die Behandlung von Krebs und alterungsbedingten Krankheiten. Weitere Projekte widmen sich der Entwicklung neuer Biomarker für die Diagnostik von Entzündungen bis hin zu *Lab-on-a-Chip-Systemen*.

Claudia Baldauf [Seite 124 ff.] stellt in ihrem Beitrag effiziente und kostengünstige Diagnoseverfahren vor. Die Etablierung von Eicosanoiden, hormonähnlichen Substanzen mit wichtigen Funktionen im Körper, als sichere diagnostische Marker bietet hierfür großes Entwicklungspotenzial. Gemeinsam mit einem Berliner Speziallabor für Lipidanalytik arbeitet die Wissenschaftlerin an der Entwicklung verlässlicher und wirtschaftlicher Untersuchungsmethoden.

Die Möglichkeit, die Chiralität der Analyten routinemäßig zu berücksichtigen, stellt eine signifikante Qualitätsverbesserung dar und wird zu einem spürbaren Marktvorteil im analytischen Dienstleistungsspektrum führen.

Anja Drews, Lisa Schumacher und **Tina Skale** [Seite 156 ff.] zeigen erfolgversprechende Wege für die Herstellung neuer Produktklassen für die pharmazeutische, kosmetische und chemische Industrie sowie für die Lebensmittelproduktion auf. Sie setzen sog. Pickering-Emulsionen – durch Nanopartikel stabilisierte Mischungen zweier ineinander nicht löslicher Flüssigkeiten – als innovative mehrphasige Reaktionssysteme für die großtechnische Biokatalyse ein. Ihre Untersuchungen zeigen, dass eine Trennung der Pickering-Emulsion nach erfolgter Reaktion mittels Ultrafiltration und damit die Wiederverwendung des Biokatalysators sowie die Produktaufreinigung möglich ist. Neben dem wirtschaftlichen Potenzial neuer Produktklassen eröffnen sich Möglichkeiten, die benötigten Lösungsmittelmengen im Vergleich zu herkömmlichen Synthesen zu verringern oder sogar mit nachwachsenden Rohstoffen zur Ressourcenschonung und so zur „Green Chemistry" beizutragen.

Jacqueline Franke, René Lang und **Hellmuth-Alexander Meyer** [Seite 102 ff.] befassen sich mit der Wirkungsweise molekularer Mechanismen von alterungsmodulierenden Substanzen. Das Team führt mit Hilfe unterschiedlicher zellbasierter Technologien Screening-Verfahren durch, welche neue Erkenntnisse über die Wirkungsweise von neuen und bekannten Alterungsmodulatoren liefern. Aufgrund der Bedeutung des Themas Alterung für die menschliche Gesundheit bietet sich für neue Wirkstoffe, deren Wirkungsweise innerhalb der Zelle näher bekannt ist, ein breites wissenschaftliches und wirtschaftliches Anwendungsfeld im Bereich Pharma-, Lebensmittel- und Kosmetikindustrie.

Jacqueline Franke, Lei Mao und **Ludmilla Wiebe** [Seite 110 ff.] konnten bei ihrer Suche nach Substanzen, die eine gesunde Alterung fördern, Nikotin als Substanz identifizieren, die bei einer sehr geringen Konzentration die Lebensdauer von Zellen verlängern kann. Zur Unterstützung dieser Hypothese erarbeiteten die Wissenschaftlerinnen ein datenbasiertes mathematisches Modell dieses hormetischen Effekts. Experimentell wurde bereits nachgewiesen, dass Nikotin den Abbau defekter Mitochondrien stimuliert. Der medikamentöse Einsatz geringer Nikotindosen in niedriger Konzentration könnte somit einen potenziellen Therapieansatz zur Förderung eines gesunden Alterungsprozesses und zum Vorbeugen von altersbedingten Krankheiten wie z.B. Parkinson darstellen.

Henning von Horsten [Seite 118 ff.] untersucht innovative Verfahren zur Herstellung hochwirksamer Biopharmazeutika, die Oligosaccharidstrukturen besitzen. Durch die gezielte Optimierung dieser Zuckerstrukturen werden Verbesserungen der pharmakokinetischen und pharmakodynamischen Wirkstoffeigenschaften angestrebt. Ein neuerer Ansatz verfolgt das Ziel, Oligosaccharidstrukturen chemisch-homogen zu synthetisieren und Biopharmazeutika erst nach Abschluss der wesentlichen Aufarbeitungsschritte mit diesen synthetischen, definierten Zuckerstrukturen zu beladen. Derzeit werden definierte Oligosaccharidstrukturen auch zur Kopplung von Biopharmazeutika an weitere Wirkverstärker diskutiert.

GESUNDHEIT IN DER ARBEITSWELT

Zahlreiche Forschungsvorhaben an der HTW Berlin setzen sich mit Fragen des Arbeits- und Gesundheitsschutzes auseinander. Untersucht werden dabei Einflussfaktoren auf das Wohlbefinden am Arbeitsplatz. Ziel ist es, physische und psychische Belastungsfaktoren zu identifizieren und zu reduzieren. Dabei werden Gesundheitsrisiken durch defizitäre Arbeitsplatzausstattung oder Raumluftqualität, Umweltgefährdungen und monotone Arbeitsabläufe ebenso in den Blick genommen wie die gesundheitlichen Auswirkungen der ständigen Erreichbarkeit und Verfügbarkeit in einer digitalisierten Arbeitswelt. Auf der Forschungsagenda stehen auch Ansätze für verbesserte Produktionsabläufe und modernes betriebliches Management, das Aspekte der Gesundheitsförderung und Wiedereingliederung integriert.

Elke Floß und Melanie Bley [Seite 140 ff.] entwickeln Technologien zur Herstellung von Bekleidungsteilen, die aufgrund ihrer funktionalen Gestaltung den menschlichen Bewegungs- und Stützapparat stabilisieren. Partner sind die Chemnitzer *Riedel Textil GmbH* und das *Institut für Biomechanik und Orthopädie* an der Deutschen Sporthochschule Köln. Unterschiedliche Verfahren der Maschenbildung werden genutzt, um funktionale Elemente in Bekleidung zu integrieren, mit denen der Bewegungs- und Stützapparat des Menschen im Arbeitsprozess gefestigt wird. Bei einseitigen und monotonen Bewegungsabläufen kann so einer vorzeitigen Ermüdung der beanspruchten Muskelparteien vorgebeugt sowie eine mögliche Schmerzentwicklung vermieden werden. Technologien, die mittels textiler Lösungen stabilisierende Elemente in körpernahe Bekleidung integrieren, bieten somit vielversprechende Ansätze für den Erhalt der Arbeitskraft und die Optimierung der Arbeitsprozesse.

Ingo Marsolek [Seite 52 ff.] untersucht die angespannten Arbeitsbedingungen im Gesundheitssektor, die durch wachsenden Kostendruck und steigende Qualitätsanforderungen geprägt sind. Damit notwendige Effizienzsteigerungen in Krankenhäusern nicht zu Lasten von Patienten oder Mitarbeitern geschehen, fordert er eine „Balancierte Rationalisierung" unter Einbeziehung der betroffenen Mitarbeiter. Ausgehend von der partizipativen Visualisierung der Defizite und Schwachstellen bestehender Arbeitsprozesse werden diese kooperativ umgestaltet und optimiert. Die Bedürfnisse von Patienten und Personal finden hierbei ebenso Beachtung wie der schonende Umgang mit Ressourcen. Die praxisorientierte Qualifizierung ausgewählter Krankenhausmitarbeiter gewährleistet langfristig eine kontinuierliche Systemoptimierung.

Sabine Nitsche und Sabine Reszies [Seite 174 ff.] stellen einen Ansatz für die Einführung des betrieblichen Gesundheitsmanagements und der betrieblichen Gesundheitsförderung vor, der die besonderen Bedürfnisse von kleinen und mittleren Unternehmen berücksichtigt. Im Verbund mit der *Kaufmännischen Krankenkasse* und der *Verwaltungs- und Berufsgenossenschaft* hat ihr Team ein funktionierendes Gesundheits-Netzwerk aufgebaut, das mittelständische Unternehmen in regionalen „Mikrozellen" organisiert und diese durch Serviceeinheiten vor Ort betreut. Neben der fachlichen Beratung und Begleitung bietet eine Online-Gesundheitsplattform maßgeschneiderte Unterstützung bei der Einführung der betrieblichen Gesundheitsförderung und direkten Kontakt zu qualifizierten Präventionsanbietern. Das von Nitsche geleitete Forschungsprojekt *InnoGema Brandenburg* arbeitet daran, die Akzeptanz und aktive Mitwirkung der Unternehmen nachhaltig zu erhöhen. Dazu werden noch bestehende Probleme und Hürden untersucht und das Unterstützungsangebot kontinuierlich verbessert.

Jochen Prümper und Andreas Schmidt-Rögnitz [Seite 180 ff.] untersuchen, wie die im Jahr 2004 vom Gesetzgeber festgelegte Verpflichtung eines betrieblichen Eingliederungsmanagements in der betrieblichen Praxis umgesetzt wird. Da das Gesetz keine konkrete Vorgehensweise vorschreibt, stehen Arbeitgeber und betriebliche Interessensvertretung vor der Aufgabe, selbst ein geeignetes Verfahren einzurichten. Auch wenn sie hierfür Veröffentlichungen von Krankenkassen, Integrationsämtern, Gewerkschaften und aus der Forschung zu Rate ziehen können, stehen die Verantwortlichen bei der Umsetzung vor vielen Herausforderungen, angefangen von Dokumentations- und Datenschutzerfordernissen bis hin zum richtigen Umgang mit Befürchtungen der Arbeitnehmerinnen und Arbeitnehmer. Trotz der bestehenden Unsicherheiten bietet die Einführung und konsequente Durchführung eines strukturierten betrieblichen Eingliederungsmanagements auch Chancen für Arbeitgeber, die betriebliche Personalstruktur positiv zu gestalten.

Jochen Prümper, Matthias Becker und Eveline Mäthner [Seite 186 ff.] veranschaulichen, dass die weit verbreitete Nutzung mobiler IT-Geräte wie Tablet-PCs und Smartphones die Arbeitswelt verändert hat und Beschäftigte wie Arbeitgeber vor neue Herausforderungen stellt. Viele Beschäftigte genießen als „Laptop-Nomaden" zwar mehr Flexibilität und Autonomie. Sie sind andererseits auch besonderen Gesundheitsrisiken ausgesetzt. Häufige Ortswechsel, permanente mobile Erreichbarkeit und Verfügbarkeit, Zeitdruck, Arbeitsverdichtung, Entfernung vom Betriebsgeschehen, fehlende soziale Einbindung und unbegrenzte Arbeitszeiten können zur Belastung mit gesundheitlichen Folgen werden. Arbeitgeber müssen ihrer gesetzlichen Verpflichtung nachkommen und diese Gefährdungspotenziale tätigkeitsbezogen umfassend beurteilen sowie geeignete Präventionsmaßnahmen entwickeln. Die Verhaltensprävention durch Unterweisung und Qualifizierung der Beschäftigten spielt hierbei eine besondere Rolle.

Birgit Weller [Seite 134 ff.] sieht Gesundheitsschutz als grundlegende Aufgabe an, der sich Entwickler und Gestalter in einer globalisierten Arbeitswelt systematisch anzunehmen haben. Produkte, Prozesse und Instrumente des Arbeitsschutzes sind so zu gestalten, dass sie von Menschen mit unterschiedlichsten individuellen Voraussetzungen verstanden, akzeptiert und selbständig zum Schutz ihrer Gesundheit genutzt werden können. Das Konzept des „Universal Design Thinking" ist ein ganzheitlicher Ansatz zur Gestaltung von Produkten und Prozessen, der diesem Anspruch genügt und den Menschen in seiner Vielfalt in den Mittelpunkt stellt. Der Design-Auftrag geht dabei weit über klassische gestalterische Aufgaben hinaus und berücksichtigt neben Materialfragen auch technische Realisierungs-

und Kommunikationsformen sowie allgemeine Arbeitsbedingungen. Die so entwickelten Lösungen zeichnen sich aus durch hohe Fehlertoleranz, intuitive Bedienungsmöglichkeiten und Adaptierbarkeit an individuelle Anforderungen, die unter anderem nach Alter, Bildungsgrad, geographischem oder soziokulturellem Kontext stark variieren können.

INFORMATIONSTECHNIK IM DIENSTE DER GESUNDHEIT

In allen Bereichen der Gesundheitsversorgung, der Gesundheitswirtschaft und der Forschung im Bereich Gesundheit hat sich heute die Informationstechnologie mit vielfältigsten Einsatzmöglichkeiten durchgesetzt. Aus der Gesundheitsforschung ist diese nicht mehr wegzudenken. An der HTW Berlin hat sich die Gesundheitsinformatik als dynamischer Forschungsschwerpunkt herausgebildet, dessen Akteure sich mit hochrelevanten Fragen auseinandersetzen: von der bildgebenden Diagnostik bis zur Speicherung und Analyse von großen Datenmengen.

Frank Fuchs-Kittowski und David Koschnick [Seite 24 ff.] geben einen Überblick über die Nutzungspotenziale mobiler Anwendungen im Gesundheitsbereich. Mobile Endgeräte wie Smartphones und Tablets werden heute von Patienten, Ärzten und anderen medizinischen Dienstleistern intensiv genutzt. Tausende von Gesundheits-Apps werden für diagnostische, präventive und therapeutische Zwecke eingesetzt und dienen von der Gesundheitsinformation und -weiterbildung bis hin zur Gesundheitsüberwachung und Unterstützung der häuslichen Pflege. Die Funktionen und Architekturen werden dabei immer komplexer. Aktuelle Trends und innovative Elemente in Gesundheits-Apps sind derzeit die Nutzung von in mobilen Geräten eingebauten Sensoren zur Datenerfassung sowie die Darstellung von Inhalten der App im Kamerabild des Smartphones als Erweiterte Realität. Die Autoren stellen eine Beispiel-Lösung aus dem Bereich der medizinischen Versorgung vor. Dabei handelt es sich um eine an der HTW Berlin entwickelte mobile Lösung zur Unterstützung der Medikamenteneinnahme.

Hermann Heßling [Seite 30 ff.] beschäftigt sich als Mitglied des interdisziplinären Forschungsprojektes *Large Scale Data Management and Analysis* (LSDMA) mit Methoden und Verfahren zur effizienten Verarbeitung großer Datenmengen (Big Data). Am Projekt wirken mehrere Helmholtz-Gemeinschaften und Universitäten mit. Spitzenforschung ist heute aufgrund verfeinerter experimenteller Messmethoden und infolge der Zunahme von Simulationen mit dem Problem einer nahezu unkontrollierten Datenerzeugung konfrontiert. Verschiedenste Forschungsbereiche sind daher dringend auf die Entwicklung effizienter Methoden zur Verarbeitung, Speicherung, Analyse und Archivierung von Daten angewiesen. Die an dem LSDMA-Projekt beteiligten Forschergruppen decken ein breites Spektrum ab, von der Medizin und Biologie über die Materialwissenschaften bis hin zur Elementarteilchenphysik. Bildgebende Verfahren spielen übergreifend eine herausragende Rolle.

Dagmar Krefting, Thomas Tolxdorff und Jie Wu [Seite 36 ff.] setzen sich mit den Chancen und Herausforderungen auseinander, die sich aus der Nutzung von grid- und cloudbasierten Diensten für die neurowissenschaftliche bildbasierte Forschung ergeben. Wegen ihrer Skalierbarkeit sowie ihrer standortübergreifenden Nutzungsmöglichkeiten bieten verteilte IT-Infrastrukturen große Vorteile bei rechenintensiven Bildanalysen und institutionsübergreifenden Forschungskooperationen. Während sich die wirtschaftliche Nutzung dieser Vorteile längst etabliert hat, stehen einer umfassenden Nutzung in der medizinischen Forschung die unzureichenden Datenschutz- und Datensicherheitsmechanismen in den verteilten Infrastrukturen entgegen. Der Beitrag setzt sich mit den Herausforderungen auseinander, die sich aus den hohen Datenschutzstandards im Bereich der medizinischen und unmittelbar patientenbezogenen Forschung ergeben.

Romy Morana untersucht mit Johannes Jüttner, Florian Piepereit und Mathias Schiemann [Seite 42 ff.], wie mit Hilfe von Informationstechnik die Nutzung von Gefahrstoffen im Gesundheitswesen durch gezielte Erfassung kontrolliert werden kann. Das Intranet-basierte Gefahrstoffkataster, das unter ihrer fachlichen Leitung für die Universitätsmedizin der Charité Berlin entwickelt wird, ist eine besonders leistungsfähige Software, die durch effiziente und intuitive Benutzerführung überzeugt und zahlreiche Erkenntnisse für die Gestaltung der Gefahrstoffdatenerfassung im medizinischen Bereich liefert. Funktionelle Erweiterungen wie die Einrichtung einer Gefahrstoffbörse, die Nutzung für den Brandschutz oder die Möglichkeit des Einlesens von Gefahrstoffen über einen Barcode sind geplant.

ZUM WOHLE DES PATIENTEN –
MODERNES KRANKEN- UND PFLEGEMANAGEMENT

Verschiedene Forschungsvorhaben an der HTW Berlin befassen sich mit den Anforderungen an moderne Versorgungsstrukturen. Vom Krankenhaus bis zum häuslichen Pflegedienst müssen diese kosteneffizient, sicher und qualitativ einwandfrei funktionieren. Die hier vorgestellten Untersuchungen beziehen unterschiedliche Aspekte ein. Das moderne Krankenhaus erfordert nicht nur innovative technische Lösungen für ein Höchstmaß an Hygiene und optimale Logistik sondern auch eine moderne partizipative Führungskultur und konsequentes Qualitätsmanagement.

Gernold Frank, Vjenka Garms-Homolová, Jana Gampe, Philipp Peusch und Jacqueline Schoen [Seite 92 ff.] untersuchen die Situation häuslicher Pflegedienste. Sie entwickeln geeignete Verbesserungsmaßnahmen und zukunftsfähige Modelle für die häusliche Versorgung durch mittelständische Pflegeunternehmen. Im ambulanten Pflegebereich sehen sich die Unternehmen mit einem Mangel an Fachkräften bei gleichzeitig wachsenden Qualitätsstandards konfrontiert. Die Zusammensetzung, Altersstruktur und heterogene Qualifikationsvoraussetzungen der Belegschaften machen Personalentwicklungs- und Anpassungsqualifikationen dringend erforderlich, ohne dass das Personal im Außendienst von Einsätzen abgezogen werden darf. Die im Projekt *PflegeLanG* angebotenen Schulungskonzepte berücksichtigten sowohl „Face-to-Face"-Seminare als auch E-Learning Angebote.

Frank Reichert, Omar Guerra-Gonzalez und **Dirk Jarzyna** [Seite 86 ff.] untersuchen im Forschungs-OP der HTW Berlin Ansätze zur Verbesserung der Raumluft in Operationssälen. Ihre Studie beschäftigt sich mit der Ausbreitung, Erfassung und Abscheidung freigesetzter Aerosole und Dämpfe beim Einsatz einer mobilen OP-Absaugung und einem Hochfrequenz-Elektro-Skalpell mit integrierter Rauchabsaugung. Die Messergebnisse zeigen, dass die Kombination aus turbulenzarmer Verdrängungsströmung mit Differentialflow mit einer mobilen OP-Absaugung grundsätzlich einen guten Schutz des Personals und des Patienten vor chirurgischen Rauchgasen bieten kann. Die Studie lässt noch weitere Ansätze erkennen, wie durch gerätekonstruktive Maßnahmen und eine modifizierte Filtertechnik deutliche Leistungsverbesserungen erzielt werden können.

Karin Wagner und **Daniel Stoeff** [Seite 80 ff.] untersuchen den Einfluss von Zertifizierungen auf die Dienstleistungsqualität von medizinischen Kompetenzzentren. Um eine ganzheitliche Versorgung der Patienten sowie eine effiziente Behandlung auf hohem Qualitätsniveau zu gewährleisten, hat sich neben dem Modell der Integrierten Versorgung und der Einrichtung von medizinischen Versorgungszentren auch in Krankenhäusern ein Trend zu interdisziplinären Kompetenzzentren durchgesetzt. In sog. „Organzentren" werden Patienten interdisziplinär organbezogen behandelt, beispielsweise in Darm- oder Brustzentren. Diese Organisationsform verspricht optimierte Abläufe und Effizienzsteigerungen. Die Studie geht der Frage nach, ob eine Zertifizierung zur messbaren Qualitätsverbesserungen in der Patientenversorgung führt. Sie stellt fest, dass die untersuchten zertifizierten Zentren geringfügig und nicht signifikant besser abschneiden als die nicht zertifizierten Zentren, da letztere sich im Zuge der Verbreitung der Zertifizierung, deren Normen und fachlichen Standards tendenziell anpassen. Für Patienten sind Zertifizierungen Orientierungshilfe und vertrauensbildende Maßnahmen.

Tilo Wendler und **Hagen Ringshausen** [Seite 56 ff.] stellen ihre empirische Fallstudie zur Förderung und Weiterentwicklung der Leitungskultur in deutschen Krankenhäusern vor. Sie zeigen Ansätze, wie die Leitidee der „lernenden Krankenhausorganisation" in einem integrierten, kulturellen Transformationsprozess umgesetzt werden kann. Führungskräfte und Personalmanager müssen in allen taktisch-operativen und personalwirtschaftlichen Fragestellungen eng kooperieren, wenn sie angesichts des akuten Fachkräftemangels nach Innen wie nach Außen als attraktiver Arbeitgeber auftreten wollen.

QUALITÄT UND NUTZERFREUNDLICHKEIT DER PRODUKTE – MASSSTAB FÜR GESUNDHEITS- UND VERBRAUCHERSCHUTZ

Eine Reihe von Forschungsvorhaben an der HTW Berlin beschäftigt sich mit Produkten und Dienstleistungen, die sich durch besondere Nutzerfreundlichkeit und leichte Zugänglichkeit auszeichnen und die Individualität von Konsumentenbedürfnissen berücksichtigen. Es geht sowohl um unmittelbar gesundheitsfördernde Produkte als auch um technische Assistenzsysteme, die ein selbstbestimmtes Leben z.B. bei krankheits- oder altersbedingten Beeinträchtigungen erleichtern. Die hier exemplarisch vorgestellten Untersuchungen befassen sich mit sicheren Nahrungsmitteln und Medikamenten, neuen Werkstoffen für Implantat-Technologien und ganzheitlichen Konzepten für generationenübergreifende Produkte.

Anett Bailleu [Seite 166 ff.] forscht mit den Methoden der Sensortechnik für sichere Lebensmittel und Medikamente. Sie arbeitet an einem alltagstauglichen System für die Beurteilung von Lebensmittel- bzw. Medikamentenqualität, mit dem sich Endverbraucher und Lieferanten vor Medikamentenfälschungen und minderwertigen, verdorbenen und schadstoffbelasteten Lebensmitteln schützen können. Technische Grundlage ist ein mit mikrosystemtechnischen Technologien herstellbarer Sensorsystemchip, mit dem zahlreiche optische und elektrische Eigenschaften der Probe detektiert werden können. Der vorgestellte Sensorchip, bestehend aus optischen und elektrischen Signalanregungs- und Signaldetektionskomponenten, lässt sich als Hardwareplattform für sehr unterschiedliche und spezielle Untersuchungszwecke einsetzen. Durch die kompakte, miniaturisierte Bauform ist es möglich, handliche, alltagstaugliche Lebensmittel- bzw. Medikamentenprüfgeräte zu realisieren, beispielsweise in Form von Schlüsselanhängern, Stiften oder integriert in Smartphones.

Katrin Hinz, Gerhard Hörber und Andrea Schuster [Seite 148 ff.] engagieren sich in ihren Forschungsvorhaben für generationsübergreifende Produkte mit sinnvollem technischen Inhalt und geeigneter Handhabung. Solche Produkte können nur in enger Zusammenarbeit von Fachleuten aus Design, Ingenieur- sowie Wirtschafts- und Sozialwissenschaften entwickelt werden. Das Autorenteam konstatiert eine wachsende Nachfrage in allen Lebensbereichen nach professionellen Produkten, die sich durch Nutzerfreundlichkeit und „Demografiefestigkeit", also altersunabhängige Nutzungsmöglichkeiten auszeichnen. Gründe hierfür sind die allgemein gestiegene Lebenserwartung auch dank des medizinisch-technischen Fortschritts, die durchschnittlich längere Teilnahme am Erwerbsleben und nicht zuletzt das gestiegene Informations- und Anspruchsniveau bei den Konsumentinnen und Konsumenten.

Anja Pfennig, Thomas Schulze und Marcus Wolf [Seite 160 ff.] testen die Korrosionsschwingfestigkeit von Werkstoffen, die für Implantat-Technologien genutzt werden. Zu diesem Zweck haben sie an der HTW Berlin in Kooperation mit der *Bundesanstalt für Materialforschung und -prüfung* eine Korrosionskammer für „in-situ"-Bedingungen unter Umgebungsdruck konstruiert und in Betrieb genommen. Die Versuchsreihen geben Aufschluss über das Werkstoffverhalten medizinischer Bauteile in realitätsnahem Milieu. Im biologischen Organismus werden schwingend belastete Werkstoffe, wie Implantate, den hochkorrosiven Körperflüssigkeiten und möglichen ebenfalls korrosiven Gasen ausgesetzt. Die damit verursachten Schwingungsrisskorrosionen verkürzen die Lebensdauer dieser Komponenten. Für Hersteller und Patienten sind die gewonnenen Erkenntnisse insofern wichtig, als sie Aussagen über die Haltbarkeitsdauer und Zuverlässigkeit der Implantate erlauben.

SCHLÜSSELFAKTOR FÜR DEN ERFOLG –

DIE RICHTIGE KOMMUNIKATIONSSTRATEGIE

Reinhold Roski [Seite 62 ff.] untersucht in seinem Beitrag die Intensität der Kommunikations- und Informationsbeziehungen zwischen den verschiedenen Anspruchsgruppen im Gesundheitssystem. Dieses stellt sich als höchst komplexes Geflecht aus Personen, Organisationen, Einrichtungen und Unternehmen dar, die an der Vorbeugung und Behandlung von Krankheiten sowie an der Förderung und Erhaltung der Gesundheit mitwirken. Wenn es darum geht, Qualität und Effizienz im Gesundheitssystem zu verbessern, müssen verschiedenste Sphären eingebunden werden, von den Gremien der Selbstverwaltung, Fachinstitutionen, den Medizintechnik-, Pharma- und IT-Branchen bis hin zu den beteiligten Wissenschaften, den Medien und der zuständigen Politikebene. Dies stellt äußerst hohe Anforderungen an Information und Kommunikation, die zum entscheidenden Erfolgsfaktor werden. Angesichts der Heterogenität und Interessenvielfalt der beteiligten Akteure und Stakeholder muss deren Zusammenspiel als Netzwerkkommunikation geregelt werden.

Brigitte Clemens-Ziegler, Rudolf Swat und Evelyn Kade-Lamprecht [Seite 68 ff.] beleuchten die Kommunikationsstrategien von Gesundheitsdienstleistern. Da sich Krankenkassen heute in ihrem Leistungsportfolio kaum noch voneinander unterscheiden, ist es für ihre Wettbewerbsposition entscheidend, dass sie glaubwürdig und überzeugend mit ihren Kunden, Patienten und Interessenten kommunizieren. Um die unterschiedlichen Zielgruppen mit den richtigen Medien, Informationen und Botschaften zu erreichen, müssen sie mehrgleisig mit einem „intelligenten Medienmix" kommunizieren. Auch wenn das klassische Kundenmagazin nach wie vor hohe Akzeptanz genießt und nachweisbar positiven Einfluss auf das Gesundheitsverhalten der Kunden hat, wollen Versicherte darüber hinaus mit dem gesamten Spektrum digitaler Informations- und Kommunikationsangebote angesprochen werden. Dazu gehören eine informative Webseite ebenso wie ein Online-Newsletter und der individuelle E-Mail-Dialog mit dem Kundenservice. Junge Kunden sind eher über Social Media und mobile Services für gesundheitsrelevante Inhalte zu erreichen. Die im Beitrag vorgestellten Untersuchungsergebnisse wurden im Rahmen einer Kooperation der HTW Berlin mit einem auf Marketing und Strategie im Gesundheitswesen spezialisierten Unternehmenspartner gewonnen.

GESUN
INFORM

HEITS-
ATIK

MOBILE ANWENDUNGEN FÜR DEN GESUNDHEITS-BEREICH

—

Gesundheits-Apps mit Sensing und Augmented Reality

Frank Fuchs-Kittowski | David Koschnick

[1] VitaBIT-Projekt (2011): Pflegeservice von morgen bereits heute im Einsatz, http://www.vitabit.org/.

[2] Thelen, S.; Schneiders, M.; Schilberg, D.; Jeschke, S. (2013): A Multifunctional Telemedicine System for Pre-hospital Emergency Medical Services. In: Proceedings of the Fifth International Conference on eHealth, Telemedicine, and Social Medicine (eTELEMED'13). IARIA XPS Press, S. 53–58.

[3] Skorning, M.; Bergrath, S.; Brokmann, J.C.; Rörtgen, D.; Beckers, S.K.; Rossaint, R. (2011): Stellenwert und Potenzial der Telemedizin im Rettungsdienst. In: NotfallRettungsmedizin. 14(3), S. 187–191.

[4] Krüger-Brand, H. (2012). Gesundheitsapps: Rasante Entwicklung. In: DeutschesÄrzteblatt International, 109(31/32), S. 1543.

[5] Mosa, A.; Yoo, I.; Sheets, L. (2012): A Systematic Review of Healthcare Applications for Smartphones. In: BMC Medical Informatics and Decision Making. 12(67).

1. GESUNDHEITS-APPS

Mobile Geräte und Anwendungen gewinnen auch im Gesundheitswesen an Bedeutung. Die Potenziale mobiler Anwendungen sind hier vor allem in der Unterstützung zu sehen: der Dokumentation (z.B. VitaBIT [1]), beim Datenaustausch, beim Zugriff auf Informationen (z.B. Patientenfax – siehe Abbildung 1), bei der teamorientierten Kommunikation (z.B. TemRAS [2]), der Arbeitsprozessbeschleunigung (z.B. StrokeAngel [3]), der „beiläufigen" Eingabe mittels Sensorik (siehe Mobile Sensing), sowie der kontextabhängigen Informationspräsentation (siehe mAR).

Doch gerade im medizinischen Bereich sind mobile Lösungen immer noch durch den Einsatz von teuren mobilen Spezialgeräten geprägt. Dabei sind kostengünstige Endgeräte wie Smartphones und Tablets inzwischen massenhaft verbreitet und werden immer leistungsfähiger. Ihnen wird gerade im patientennahen Bereich des Gesundheitswesens ein riesiges Potenzial zugesprochen.

So existiert auch für den Gesundheitsbereich bereits eine sehr große Anzahl mobiler Anwendungen für Smartphones und Tablet-PCs, sog. Gesundheits-Apps (ca. 15.000 Apps bereits 2012 [4]). Es gibt Apps für Patienten, Ärzte, Studenten und andere medizinische Dienstleister [5]. Das Spekt-

Abbildung 1: Patientenfax-App

rum der Apps umfasst Prävention, Diagnostik, Therapie sowie Nachsorge und deckt auch für den privaten Bereich verschiedenste Szenarien ab: Gesundheit, Fitness, Lifestyle, Ambient Assisted Living, Weiterbildung, Gesundheitsüberwachung etc. [6].

Eine an der HTW Berlin entwickelte Gesundheits-App ist „Patientenfax". Diese unterstützt den mobilen Abruf von persönlichen, beim Dienstleister Patientenfax hinterlegten Gesundheitsdokumenten auf ein beliebiges Fax in der Nähe des Nutzers.

2. TRENDS – MOBILE SENSING UND AUGMENTED REALITY

Aufgrund des rasanten Fortschritts werden Smartphones und Tablets immer leistungsfähiger und verfügen darüber hinaus über eingebaute Sensoren (z.B. Beschleunigung, Gyroskop, GPS, Kompass, Licht), eingebaute Schnittstellen (Bluetooth, Infrarot, WLAN/WiFi etc.) zum Kommunizieren mit externen Sensoren sowie weitere Komponenten (Display, Kamera, Mikrofon). Somit können anspruchsvolle Anwendungen realisiert werden, die die eingebauten Sensoren der mobilen Geräte für die Datenerfassung nutzen (Mobile Sensing) sowie dem Nutzer Inhalte als Erweiterte Realität im Kamerabild des mobilen Geräts präsentieren (Mobile Augmented Reality, mAR).

Beim **Mobile Sensing** können die Nutzer ihre mobilen Geräte während ihrer gewöhnlichen, alltäglichen Aktivitäten nutzen, um Daten über die Umwelt und sich selbst zu erfassen. Gesundheits-Apps, die Daten über den Nutzer sammeln, unterstützen die Information über den aktuellen Gesundheitszustand des Nutzers (z.B. physische Anstrengung), die Dokumentation von Aktivitäten (z.B. Sporterfahrungen) und das Verständnis des Verhaltens (z.B. Essstörungen) von Individuen. Beispielsweise überwacht die App BeWell Aktivitäten wie Schlaf, soziale Interaktionen und physische Anstrengungen, die sich auf die physische und mentale Gesundheit des Nutzers auswirken, und nutzt dazu die in das Smartphone eingebauten Sensoren (Gyroskop, Beschleunigungssensor, Mikrophone, Kamera, digitaler Kompass) [7].

Umweltzentrierte Anwendungen sammeln Daten über die Umgebung des Nutzers (z.B. Luftqualität, Lärmbelästigung, Straßen- und Verkehrsbedingungen). Beispielsweise überwacht das System MobAsthma die Belastung des Nutzers durch Luftverschmutzung und hilft dabei, Asthmaattacken frühzeitig zu erkennen und automatisch medizinisches Personal zu alarmieren.

Durch die kontinuierliche oder häufige Beobachtung der Gesundheit – auch unterwegs – können die Nutzer eine Echtzeit-Unterstützung erhalten, falls eine Änderung der Lebensgewohnheiten erforderlich ist. Darüber hinaus ermöglichen sie dem betreuenden Gesundheitsspezialisten (Ärzten etc.) den Zugriff

[6] Boulos, M.; Wheeler, S.; Tavares, C.; Jones, R. (2011): How smartphones are changing the face of mobile and participatory healthcare. In: BioMedical Engineering Online, 10(1), Art. 24.

[7] Lane, N.D.; Choudhury, T.; Campbell, A. (2011): Bewell: a smartphone application to monitor, model and promote wellbeing. In: Proceedings of the 5th International ICST Conference on Pervasive Computing Technologies for Healthcare.

auf umfassende Echtzeit-Patienten-Daten an der Betreuungsstelle zu erhalten.

Bei **Mobiler Erweiterter Realität** (mAR) werden dem Nutzer digitale Zusatzinformationen zu den im Kamerabild des Smartphones sichtbaren Objekten der realen Umgebung eingeblendet. Dabei werden mit Hilfe der Videokamera in der Umgebung befindliche Objekte erfasst und erkannt (Natural Feature Tracking). Mit GPS und Kompass des Smartphones werden Ort und Blickrichtung des Nutzers bestimmt, sodass die virtuellen Zusatzinformationen passgenau im Display der Videokamera die Sicht auf die reale Welt überlagern können.

Im folgenden Kapitel wird eine an der HTW Berlin entwickelte mobile AR-Lösung aus dem Bereich der medizinischen Versorgung – Unterstützung der Medikamenteneinnahme – vorgestellt.

3. BEISPIEL mAR-App „MARA" FÜR DIE MEDIKAMENTENEINNAHME

Bei der Medikamenteneinnahme sind Fragen wie Indikation, Dosierung, Anwendungsart, Einnahmezeitpunkt etc. für den Erfolg der Therapie von Bedeutung. Mit dem Verstehen der Informationen des Beipackzettels sind nicht nur ältere Menschen oftmals überfordert. Das Ziel der App MARA ist es, den Prozess der Medikamenteneinnahme zu unterstützen, um die Einnahmesicherheit zu gewährleisten und Einnahmefehler bei der Medikamenteneinnahme zu vermeiden. Hierfür nutzt die mobile App MARA Techniken der Erweiterten Realität. Die App erkennt über die in das Smartphone eingebaute Kamera das jeweilige Medikament und stellt im Kameradisplay des Smartphones zu dem dort sichtbaren Medikament die für den Nutzer relevanten Informationen zu Dosierung, Einnahme und Anwendung der Medikamente bedarfsgerecht, in einer einfachen, verständlichen und gut lesbaren Form dar.

Abbildung 2: MARA-App Funktionalitäten (Suche, Dosierung, Anleitung)

3.1 MARA-App

Die App soll dem Nutzer die Möglichkeit geben, die benötigten Informationen zu einem Medikament jederzeit mit seinem Smartphone oder Tablet abzurufen. Die Informationen bezieht die App direkt aus der Patientenakte des Nutzers, in die

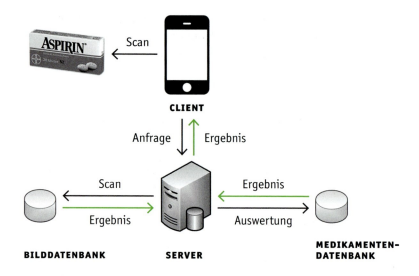

Abbildung 3: Architektur und Verarbeitungsschritte von MARA

zuvor vom Arzt bzw. Apotheker die individuelle Dosierung eingetragen wurde. Die mobile Anwendung verfügt über drei zentrale Funktionalitäten: einen Suchmodus, einen Dosierungsmodus und einen Anleitungsmodus.

- Der Suchmodus ermöglicht es dem Nutzer, bei Beeinträchtigung des Wohlbefindens aus einer Vielzahl von Medikamenten das passende gegen seine Beschwerden zu finden.
- Im Dosierungsmodus wird dem Nutzer die Dosierungsinformation des identifizierten Medikamentes präsentiert, d.h. wann und wie die Einnahme erfolgen soll. Im Falle einer individuellen Dosierung durch den Arzt erhält der Nutzer seine persönliche Dosierung angezeigt. Hierfür synchronisiert die Anwendung die Daten aus der Patientenakte. Für ältere Personen bietet die App zusätzlich eine Erinnerungsfunktion, welche an die regelmäßige Einnahme erinnert.
- Für die Einnahme von Arzneimitteln wie Inhalatoren und Sprays bietet der Anleitungsmodus dem Nutzer die Möglichkeit, sich die einzelnen Anwendungsschritte, z.B. über ein Video oder von einer virtuellen Person, anzeigen zu lassen.

3.2 Umsetzung

Die Architektur von MARA besteht aus einem mobilen Client, einem Server und einer Medikamenten-Datenbank.

MARA verwendet markerloses Tracking zur Identifikation der Medikamente. Dabei wird mit Hilfe der Kamera des mobilen Endgerätes das Medikament visuell erfasst und über Algorithmen der Objekterkennung mit Hilfe einer Bilddatenbank identifiziert. Anschließend werden zu dem erkannten Medikament die Informationen aus der Medikamentendatenbank abgerufen. Die angefragten Informationen werden dem Nutzer aufbereitet auf dem Display des Endgerätes präsentiert.

4. FAZIT UND AUSBLICK

Mobile Lösungen bieten bereits heute ein großes Anwendungspotenzial sowohl für Ärzte als auch für Patienten, z.B. als Assistenz- (Medikamenteneinnahme) und Prozessunterstützung (Patientenfax). Gerade bei Senioren können einfache Gesundheits-Apps wie Patientenfax und MARA zu einer Verbesserung ihrer Handlungsfähigkeit sowie zur Steigerung der Lebensqualität und Selbständigkeit beitragen.

Allerdings wirft der praktische Einsatz von Gesundheits-Apps noch Fragen auf. Die oft fehlende Integration weiterer Informationsquellen und technische Einschränkungen der Geräte (fehlende Sensoren, Desinfektionsprobleme etc.) behindern derzeit noch die Umsetzung. Zudem sind aufgrund der Verarbeitung von Patientendaten Fragen des Datenschutzes zu beachten und ggf. ist die Zulassung als Medizinprodukt nach dem Medizinproduktegesetz notwendig. Durch die vielen entstehenden Gesundheits-Apps entwickeln sich auch zahlreiche Insellösungen, deren Integration erforderlich sein wird, um umfassende Lösungen zum Wohle des Patienten zu realisieren.

BIG DATA UND BILDVERARBEITUNG

Hermann Heßling

1. EINLEITUNG

Bildgebende Verfahren spielen in der Wissenschaft eine wichtige Rolle. Enorme Fortschritte in der Messgerätetechnologie ermöglichen es, immer feinere Details in chemischen, biochemischen und physikalischen Strukturen und Vorgängen zu erkennen. Damit einher geht ein enormes Anwachsen der Messdatenmenge. Traditionelle Methoden zur Speicherung, Analyse und Archivierung von Messdaten reichen schon jetzt oft nicht mehr aus. In künftigen Experimenten werden sogar derart viele Daten produziert, dass diese nicht einmal mehr gespeichert werden können. Es sind Methoden zu entwickeln, die es möglichen, die Datenlawine zeitnah zu bändigen, d. h. bereits bei der Durchführung einer Messung. Die Frage, ob ein Messergebnis für die weitere Analyse von Interesse ist und die üblicherweise erst im Nachgang entschieden wird, ist für einen Großteil der Messdaten in Echtzeit während der Datennahme zu beantworten.

Im Folgenden wird das Forschungs- und Entwicklungsprojekt *Large Scale Data Management and Analysis (LSDMA)* vorgestellt. Zudem wird ein Verfahren beschrieben, mit dem durch Bestimmung von lokalen thermodynamischen Größen die zeitliche Entwicklung von Bildserienuntersucht werden kann.

2. LSDMA

In der Grundlagenforschung hat die Datenproduktion inzwischen solche Ausmaße angenommen, dass sie immer weniger mit den üblichen Methoden und Werkzeugen zu handhaben ist. Im Forschungs- und Entwicklungsprojekt *Large Scale Data Management and Analysis (LSDMA)* haben sich mehrere Helmholtz-Zentren und Universitäten zusammengeschlossen, um Wissenschaftler bei der Analyse, Verwaltung und Archivierung ihrer Messdaten zu unterstützen. [1]

[1] LSDMA: www.Helmholtz-LSDMA.de.

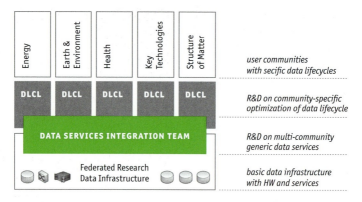

Abbildung 1: Organisation des LSDMA-Projekts **[1]**

Die beteiligten Wissenschaftsdisziplinen sind sehr heterogen hinsichtlich der Art der Datenverarbeitung, sodass die Entwicklung einer allgemeinen und umfassenden Lösung unrealistisch erscheint. Es wurden fünf *Data Life Cycle Labs (DLCL)* definiert **[siehe Abbildung 1]**, deren Aufgaben darin bestehen, die Wissenschaftler in den jeweiligen Bereichen hinsichtlich der Organisation ihrer Daten und Metadaten sowie des einfachen Zugriffs auf lokale und global verteilte Dateninfrastrukturen zu unterstützen. Trotz der Unterschiede zwischen den DLCLs hinsichtlich der Big-Data-Anforderungen gibt es Gemeinsamkeiten und das *Data Services Integration Team (DSIT)* widmet sich der Entwicklung generischer Datendienste. In einem gemeinsamen Workshop mit allen DLCLs wurden sechs DSIT-Themenfelder herausgearbeitet:

– föderiertes Identity-Management
– föderierter Datenzugriff
– Meta-Daten-Kataloge
– Archivierungsdienste
– Monitoring und Optimierung
– datenintensives Computing

Die Schaffung föderativer Strukturen ist ein besonderes Anliegen des LSDMA-Projekts. Inzwischen wurden dazu zwei Workshops veranstaltet und vereinbart, eine community-übergreifende Lösung zu entwickeln, die auf Shibboleth basiert.

Bildverarbeitung spielt in den Forschungen der DLCLs eine große Rolle. Als instruktives Beispiel seien die LSDMA-Aktivitäten im DLCL *Key Technologies* bei den Untersuchungen zur Embryonalentwicklung von Zebra-Fischen vorgestellt. Die befruchteten Eizellen entwickeln sich recht schnell und schon innerhalb eines Tages sind Merkmale wie Rückenmark und Augenlokation zu erkennen **[siehe Abbildung 2]**. Die Organismen zeichnen sich dadurch aus, dass sie während dieser Entwicklungszeit größtenteils transparent bleiben, wodurch detaillierte Untersuchungen der ersten Entwicklungsstadien mit Lichtmikroskopen möglich sind. Mit den Mikroskopen werden automatisiert 3D-Bilder erzeugt, die eine hohe räumliche und zeitliche Auflösung aufweisen. Damit lässt sich die Entwicklung einzelner Zellen rekonstruieren. Durch Schaffung zeit-effektiver Algorithmen und unter Ausnutzung einer hohen Parallelisierung ist es jetzt möglich, die Datenmenge einzelner Proben von jeweils etwa 10 Terabyte in weniger als einem Tag zu prozessieren. **[2]**

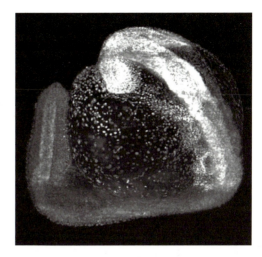

Abbildung 2: Zebra-Fisch-Embryo nach 24 Stunden **[2]**

3. ZEITABHÄNGIGE BILDVERARBEITUNG

Vierdimensionale Bildverarbeitung ermöglicht in vielen Bereichen Erkenntnisse, die durch eine Auswertung von statischen Bildern kaum zu gewinnen sind. Die eben vorgestellten Untersuchungen zur Embryonalentwicklung von Zebra-Fischen sind ein herausragendes Beispiel. In der medizinischen Bildverarbeitung stellt die Lokalisation von Lungentumoren eine besondere Herausforderung dar, insbesondere wenn der Tumor sich in der Nähe des Herzens befindet, wo dessen Form durch Atembewegungen periodisch verformt wird. Lungentumore weisen im Vergleich zum Herzen eine vergleichsweise weiche Konsistenz auf. In fortgeschrittenen Krankheitsstadien leiden Patienten zudem unter Hustenanfällen, die zu plötzlichen und erheblichen Zusatzdeformationen führen. Der Erfolg einer Strahlentherapie kann verbessert werden, wenn die Bewegung einer Strahlungsquelle mit der Bewegung eines Tumors korreliert. **[3]**

Die Shannon-Entropie wurde ursprünglich in der Nachrichtentechnik verwendet, um den Einfluss von Störungen auf die Signalübertragung zu bestimmen. Sie wird inzwischen auch in der Bildverarbeitung genutzt, beispielsweise um Artefakte in komprimierten Bildern zu identifizieren oder um Kantenstrukturen in 2D-Grauwertbildern zu ermitteln **[4]**. Kantenrekonstruktion ist in den bildgebenden Verfahren der Histologie von besonderer Bedeutung. Die Shannon-Entropie ist formal äquivalent zur Boltzmann-Gibbs-Entropie, mit der sich physikalische Systeme charakterisieren lassen, die sich in einem thermodynamischen Gleichgewicht

[2] A. Kobitskiy, G. U. Nienhaus, J. C. Otte, M. Takamiya, U. Strähle, J. Stegmaier, R. Mikut, Light Sheet Microscope (LSM), in: R. Stotzka (Ed.), Data Life Cycle Lab. Key Technologies, Big Data in Science, Status 2013. Abrufbarunter http://digbib.ubka.uni-karlsruhe.de/volltexte/1000037134.

[3] J. Erhard, and C. Lorenz (Eds.), 4D Modeling and Estimation of Respiratory Motion for Radiation Therapy, Springer, Heidelberg, 2013.

[4] B. Singh, A. P. Singh, Edge Detection in Gray Level Images based on the Shannon Entropy, Journal of Computer Science 4 (2008), 186.

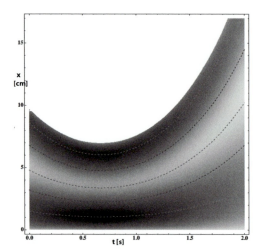

Abbildung 3: Zeitliche Entwicklung einer Textur

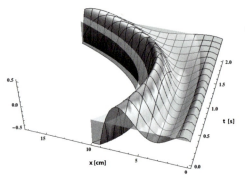

Abbildung 4: Entropieproduktion der Textur in Abbildung 3

befinden. Gleichgewichtssysteme verändern sich nicht im Laufe der Zeit. Demzufolge ist die Shannon-Entropie nicht geeignet, Vorhersagen zur Entwicklung von Strukturen in Zeitreihen-Bildern zu machen.

In Referenz **[5]** wird ein Verfahren zur Bestimmung der zeitlichen Entwicklung einer Entropie vorgeschlagen, das auf einer Modellierung von einwirkenden Kräften basiert (mittels einer integrablen Hamilton-Funktion).

Abbildung 3 zeigt die ersten zwei Sekunden der Deformation einer eindimensionalen Textur. Die gestrichelten Linien deuten den Verlauf gleicher relativer Helligkeitswerte an. So befindet sich die mittlere Linie stets im Zentrum der „weißesten" Region. Die beiden äußeren Linien zeigen den Verlauf der „dunkelsten" Stellen in der oberen bzw. unteren Hälfte der Textur an. Die gestrichelten Linien werden als Lösungskurven von Hamilton-Gleichungen interpretiert.

Das Verfahren verwendet Methoden der statistischen Physik **[6]**, um ortsabhängige thermodynamische Größen zu bestimmen, z. B. Temperatur und Entropie. **Abbildung 4** zeigt die räumlich-zeitliche Entwicklung der Entropieproduktion **[7]**. Obschon die Textur in der unteren Hälfte „dunkler" ist als in der oberen, befindet sich das Maximum der Entropieproduktion (zur Zeit t=0.65 s) in der oberen Hälfte, also dort und genau zu der Zeit, wo die „Deformation der Bahnkurven" am größten ist. Die Entropieproduktion ist mithin in der Lage, Texturen sinnvoll zu gewichten. In den Regionen „unterhalb des Meeresspiegels" ist die Entropieproduktion negativ – dort ist der 2. Hauptsatz der Thermodynamik verletzt **[8]**.

[5] H. Heßling, The Challenge of Managing and Analyzing Big Data, International Journal of Computing, 12 (2013), 204.

[6] Die Helligkeitswerte der Textur bestimmen die Wahrscheinlichkeitsdichte. Die Anfangsimpulse sind in diesem Beispiel proportional zu den Anfangspositionen.

[7] Nach Integration über den Impuls.

[8] Die gesamte Entropieproduktion hingegen, die sich durch Integration der Entropieproduktion über den Ort x ergibt, ist in diesem einfachen Beispiel für alle Zeiten t identisch Null.

GRID- UND CLOUDCOMPUTING IN DER NEURO- WISSENSCHAFTLICHEN BILDBASIERTEN FORSCHUNG

Jie Wu | Thomas Tolxdorff | Dagmar Krefting

1. HERAUSFORDERUNGEN IN
DER NEUROWISSENSCHAFTLICHEN FORSCHUNG

1.1 Daten- und rechenintensive Anwendungen

Die moderne neurowissenschaftliche Forschung nutzt zunehmend bildgebende Verfahren wie Magnetresonanztomografie (MRT) und Computertomografie (CT) sowie komplexes Postprocessing, um die normale und pathologische Hirnstruktur und -funktion zu studieren. Algorithmen zur Nachbearbeitung und Analyse von Bilddaten haben mitunter einen hohen Bedarf an Rechenkapazität und Speicherressourcen. Eine typische Rechnerinfrastruktur, die einer neurowissenschaftlichen Forschungsgruppe zur Verfügung steht, wird durch die rechenintensive Bearbeitung der Bilddaten temporär stark ausgelastet. Dabei entsteht folgendes Problem: Die Rechner werden während der Bearbeitungszeit blockiert und können nicht für die Arbeit im klinischen Alltag verwendet werden.

Für solche Anwendungsfälle, bei denen kurzfristig und temporär ein hoher Ressourcenbedarf entsteht, sind Grids und Clouds eine vielversprechende Perspektive. Dabei handelt es sich um eine Form abstrahierter IT-Infrastrukturen, bei der Rechenkapazität, Datenspeicher, Netzwerkkapazität und Software dynamisch an den Bedarf angepasst (Skalierbarkeit) und standortübergreifend über ein Netzwerk genutzt werden **[1]**. Aufgrund dieser Vorteile gegenüber lokalen IT-Systemen ermöglichen Grids und Clouds der neurowissenschaftlichen Forschung, auf Bilddaten z.B. in Forschungskollaboration standortunabhängig zuzugreifen und Bildverarbeitung auf externen On-Demand-Ressourcen effektiv durchzuführen.

[1] NIST. Cloud Computing. The National Institute of Standards and Technology (NIST). [Online] 07. Juni 2013. [Zitat vom: 10. Juni 2013.] http://www.nist.gov/itl/cloud/index.cfm.

1.2 Datensicherheit und Datenschutz

Durch die verteilte Infrastruktur ergeben sich aber neue Herausforderungen. Bei einer institutionsübergreifenden Infrastruktur oder einem externen Ressourcenanbieter verlassen die Daten die administrative Domain der Institution, in der die Daten erzeugt wurden. Die dynamische Allokation von Speicher- und Rechenressourcen in den verteilten Systemen erfolgt meist automatisiert und liegt üblicherweise außerhalb der Einflussmöglichkeiten der Systemnutzer. Dies bedeutet, dass diese sich auf die Sicherheitsmaßnahmen der Anbieter verlassen müssen.

Personenbezogene medizinische Daten gelten als besonders sensible Daten mit sehr hohem Schutzbedarf. Die Anforderungen an den Schutz medizinischer Daten ergeben sich in Deutschland aus dem Bundesdatenschutzgesetz (BDSG §3, §4, §11–18), den Landesdatenschutz Berlin (BlnDSG §6, §8–14) und Landeskrankenhausgesetzen sowie der ärztlichen Schweigepflicht (MBO §15). Eine besondere Schwierigkeit ist bei Hirnbilddaten das implizite Reidentifizierungspotenzial: Bei der 3D-Rekonstruktion von MRT-Daten sind die Gesichtszüge oft gut zu erkennen [2]. Sowohl die Speicherung als auch die Übermittlung von Patientendaten müssen absolut vertraulich erfolgen. Die verteilten Systeme müssen also gewährleisten, dass die zu schützenden Daten nicht von unbekannten Dritten unbemerkt manipuliert werden können. Dies bezieht sich nicht ausschließlich auf die verarbeitenden Daten, sondern auch auf die Anwendungskonfigurationen und die Nachrichten zwischen den unterschiedlichen Systemen. Für den Datentransfer über das Internet existieren zwar Standardverschlüsselungsverfahren (z.B. TLS [3]), aber die Verarbeitung der Daten erfordert, dass diese unverschlüsselt vorliegen. Durch einen Angriff auf die Infrastruktur kann gegebenenfalls unbefugt auf Daten und Vorgänge zugegriffen werden. Solche Risiken sind in internetbasierten Infrastrukturen deutlich höher als in geschlossen Kliniknetzen.

[2] F. W. Prior, B. Brunsden, C. Hildebolt, T. S. Nolan, M. Pringle, S. N. Vaishnavi, L. J. Larson-Prior. Facial recognition from volume-rendered magnetic resonance imaging data. IEEE Transactions on Information Technology in Biomedicine. 2009, Bd. 13, 1, S. 5–9.

[3] A. Freier, P. Karlton. The Secure Sockets Layer (SSL) Protocol Version 3.0. Internet Engineering Task Force (IETF). s.l.: Internet Engineering Task Force (IETF), 2011.

[4] D. Krefting, R. Siewert, J. Wu. Abschlussbericht Pneumogrid – Charité. Berlin: s.n., 2013.

[5] S. D. Olabarriaga, T. Glatard, P. T. de Boer. A Virtual Laboratory for Medical Image Analysis. IEEE Transactions on Information Technology in Biomedicine. 2010, 14, S. 979–985.

[6] S. Camarasu-Pop, T. Glatard, H. Benoit-Cattin, D. Sarrut. Enabling Grids for GATE Monte-Carlo Radiation Therapy Simulations with the GATE-Lab. Applications of Monte Carlo Method in Science and Engineering. February 2011.

[7] D. Krefting, J. Bart, K. Beronov, O. Dzhimova, J. Falkner, M. Hartung, A. Hoheisel, T. A. Knoch, T. Lingne at al. MediGRID: Towards a user friendly secured grid infrastructure. Future Generation Computer Systems. 2009, S. 326–336.

1.3 Nutzerfreundlichkeit

Die Schutzmaßnahmen dürfen dabei nicht zu einer Verkomplizierung der Anwendungsnutzung in den verteilten Systemen führen, da dadurch die Nutzerakzep-

1. GEFAHRSTOFFE IM GESUNDHEITSWESEN

In den meisten Einrichtungen im Gesundheitswesen wird mit Stoffen umgegangen, die nicht nur der Gesundheit dienen, sondern auch bei falscher Anwendung die Gesundheit oder die Umwelt schädigen können. Daher sind ein sorgsamer Umgang und eine sachgerechte Lagerung dieser Stoffe und Stoffgemische nötig. Für diese Aufgaben ist die Kenntnis der Mengen, Eigenschaften und Lagerorte der in einer Einrichtung verwendeten Bestände unumgänglich.

Um einen Überblick über alle in einem Betrieb vorhandenen und verwendeten Stoffe und Stoffgemische zu bekommen, sieht daher die Gefahrstoffverordnung (GefStoffV) die jährliche Auflistung aller in einem Betrieb verwendeten Stoffe vor. [1]

1.1. Der Gefahrstoffkataster

Laut der GefStoffV sind Arbeitgeber verpflichtet, ein Verzeichnis aller Gefahrstoffe zu führen, die im Unternehmen vorkommen. Diese Gefahrstoffkataster oder -verzeichnisse beinhalten Informationen über alle Gefahrstoffe im Betrieb, beispielsweise ihre Mengen, Lagerorte und Gefährdungsmerkmale.

Mit Hilfe dieser Auflistung soll geprüft werden, ob die eingesetzten Gefahrstoffe durch weniger schädliche Alternativen ersetzt werden können. Ist dies nicht möglich, müssen erforderliche Schutzmaßnahmen für den Umgang mit diesen Gefahrstoffen getroffen werden. [2]

Für die Erstellung von Gefahrstoffkatastern sind die Sicherheitsdatenblätter der Hersteller die wichtigste Grundlage. Auf diese muss auch im Gefahrstoffverzeichnis verwiesen werden.

[1] Vgl. §6 Abs. 8 GefStoffV.

[2] Vgl. §7 GefStoffV.

Der Gefahrstoffkataster muss wenigstens folgende Angaben enthalten: [3]

- Bezeichnung des Gefahrstoffes
- Einstufung des Gefahrstoffes oder Angabe der gefährlichen Eigenschaften
- Mengenangaben des Gefahrstoffes im Betrieb
- Arbeitsbereiche, in denen Beschäftigte dem Gefahrstoff ausgesetzt sein können

1.2. Unterstützung durch Software

Gerade in Gesundheitseinrichtungen, deren Aufgabenspektrum von der Versorgung von Kranken über die Durchführung von Forschungsvorhaben und ggf. auch die Ausbildung von Studierenden umfasst, ist mit hohem Aufkommen von Gefahrstoffen besonders in vielen kleinen Chargen zu rechnen. Diese reichen von Sterilisations- und Reinigungsmitteln, über Narkosegase und Arzneimitteln bis hin zu Zytostatika und Labor- und Röntgenchemikalien. Hier gilt es einen Überblick zu behalten.

Die oft praktizierte manuelle Aufnahme und Auswertung der Gefahrstoffdaten gestaltet sich daher oftmals als sehr mühsam, zeitaufwendig und kostenintensiv. Zur Erleichterung des Gefahrstoffmanagements bietet sich eine Softwarelösung an, die das verantwortliche Personal bei der Datenerfassung unterstützt.

Solche Softwareprodukte, die Unternehmen beim Führen eines Gefahrstoffkatasters unterstützen sollen, können beispielsweise folgende Funktionen bieten:

- Verwaltung von Gefahrstoffinformationen und deren Standortdaten
- Angabe der Gefahrstoffmengen, Eigenschaften (EU- und GHS-Kennzeichnung) und der Wassergefährdungsklasse
- Datenübernahme aus Sicherheitsdatenblättern
- Brand- und Explosionsschutzlisten
- Gefahrstoff- oder ortsbezogene Sortierfunktion
- Auswertungsfunktionen für Gefahrstoffbeauftragte
- PDF- und CSV-Exportfunktionen zur weiteren innerbetrieblichen Verarbeitung
- Grafische Betriebsstrukturierung

1.3. Standard- vs. Individualsoftware

Als Standardsoftware werden Softwaresysteme verstanden, als vorgefertigte Produkte im Handel erworben werden können. Diese Art von Software

[3] Vgl. §6 Abs. 10 GefStoffV.

[4] Vgl. Buxmann et. al. (2011): Markt für Individualsoftware.

[5] Vgl. Mertens et al. (2012): Grundzüge der Wirtschaftsinformatik. Berlin: Springer, S. 138.

[6] Vgl. Buxmann et. al. (2011).

[7] Vgl. Mertens et al. (2012), S. 142.

[8] Vgl. http://www.charite.de/charite/organisation.

bietet den Vorteil einer schnellen Verfügbarkeit und eines geringen Anschaffungspreises, da sie bereits im Vorfeld unternehmensunabhängig entwickelt wurde. Durch eine größere Kundenzahl kann der Stückkostenpreis niedrig gehalten werden. [4]

Die Softwarehersteller decken normalerweise den Funktionsbedarf einer ganzen Branche mit einem Softwareprodukt ab. Aufgrund dieser Optimierung auf universelle Unternehmensstrukturen stellt die Einführung der Software für viele Unternehmen allerdings zunächst eine Hürde dar. Da der Quellcode der Software in der Regel nicht offen ist, sind selbstständige Änderungen zur individuellen Anpassung der Software an die Unternehmensstruktur nur sehr bedingt möglich. [5]

Im Gegensatz dazu erfolgt die Entwicklung von Individualsoftware maßgeschneidert auf ein Unternehmen. [6]

Dabei können bestehende Aufbauorganisation und Geschäftsprozesse als Basis für Sollkonzepte verwendet werden, anstatt umgekehrt die Geschäftsabläufe an eine vorgefertigte Softwarelösung anzupassen. Bei Einsatz eines eigenen Entwicklerteams macht sich das Unternehmen gleichzeitig unabhängig von den etablierten Standardsoftware-Lieferanten. [7]

2. ENTWICKLUNG EINER INDIVIDUELLEN GEFAHRSTOFFVERWALTUNG

Die Charité zählt zu den größten Universitätskliniken Europas. Hier forschen, heilen und lehren Ärzte und Wissenschaftler auf internationalem Spitzenniveau. Über die Hälfte der deutschen Nobelpreisträger für Medizin und Physiologie stammen aus der Charité, unter ihnen Emil von Behring, Robert Koch und Paul Ehrlich. Die Charité verteilt sich auf vier Standorte, zu denen über 100 Kliniken und Institute, gebündelt in 17 CharitéCentren, gehören. Mit 14.500 Mitarbeitern ist die Charité einer der größten Arbeitgeber Berlins. [8]

Aufgrund der ungewöhnlichen Struktur der Standorte, Fachabteilungen und internen Aufteilung wurde beschlossen, an der Universitätsmedizin Charité Berlin ein speziell auf das Unternehmensintranent abgestimmtes Gefahrstoffkataster zu entwickelt.

2.1. Entwicklung der Software

In enger Zusammenarbeit mit den Verantwortlichen an der Charité erfolgte die Entwicklung des softwaregestützten Gefahrstoffkatasters durch Studenten des Studienganges Betriebliche Umweltinformatik der HTW Berlin, die das gesamte Vorhaben von der Planung bis zur Implementierung umgesetzt haben.

Zu Beginn des Projektes wurden sämtliche Anforderungen und Wünsche von Seiten der Charité wie üblich in einem Lastenheft dokumentiert. Diese können wie folgt zusammengefasst werden:

- Erstellung, Bearbeitung von Benutzer- und Stammgefahrstoffdaten sowie deren Konvertierung
- Verknüpfung von Gefahrstoff- und Standortdaten
- Auswertungsfunktionen für Umwelt- und Gefahrstoffbeauftragte
- Implementierung eines Benutzerrollenkonzepts

In Abständen von ein bis zwei Wochen trafen sich die Studenten der HTW Berlin und die Verantwortlichen der Charité, um den Projektablauf zu reflektieren und den aktuellen Entwicklungsstand zu präsentieren. Durch diese enge Zusammenarbeit konnten Änderungswünsche an einzelnen Programmfunktionen frühzeitig in die Entwicklung einfließen.

Die Software basiert auf dem quelloffenen Framework CakePHP und folgt dessen Schema des Model-View-Controller. In diesem Architekturmuster wird das Programm in drei Einheiten aufgeteilt:. [9]

- Das Datenmodell („model") zur Datenverwaltung und für die Geschäftslogik,
- die Präsentationsschicht („view") zur Darstellung der Daten für den Benutzer und
- die Steuerung („controller"), die für die Interaktion mit dem Benutzer zuständig ist und die Applikationslogik darstellt.

Neben der Möglichkeit, sich an Designmustern zu orientieren, bietet die Verwendung eines Frameworks einige Erleichterungen für die Softwareentwickler. So werden beispielsweise Datenbankanbindungen automatisch generiert, vorgefertigte Komponenten ermöglichen außerdem das einfache Implementieren weiterer Programmfunktionen. [10]

Für das Gefahrstoffkataster waren des Weiteren die Unterstützung eines modularen Softwareaufbaus sowie dessen einfache Wartbarkeit ausschlaggebend. So ist sichergestellt, dass die Software zukünftig weiter ausgebaut werden kann.

2.2. Verwaltung der Gefahrstoffe

Kernstück des Gefahrstoffkatasters ist die Gefahrstoffverwaltung. Die Software speichert bis zu 60.000 Gefahrstoffe mit bis etwa 30 Eigenschaften pro Eintrag. Diese werden in der Hauptansicht gemeinsam mit den sicherheitsrelevanten Daten übersichtlich dargestellt, unter anderem die H-

[9] Vgl. Ammelburger, Scherer (2010): Webentwicklung mit CakePHP. Köln: O'Reilly, S. 6.

[10] Vgl. Schatten et al. (2010): Best Practice Software-Engineering. Berlin: Springer, S. 311.

[11] Vgl. Meinholz, Förtsch (2013): Handbuch für Gefahrstoffbeauftragte. Berlin: Springer, S. 45 ff.

und P-Sätze und den ergänzenden EUH-Sätzen, die wichtige Sicherheitsinformationen sehr knapp zusammenfassen. [11]

Gefahrstoff ↓	CAS-Nr.	Konzentration	Symbole	R-, H- & EUH-Sätze	S- & P-Sätze
4-Chloro-1-Naphthol	604-44-4	100.0 %		H: H302, H312, H332, H370	P: 260, 280, 304+341, 307+311
Descosept	n.a.	100.0 %		R: 10	S: 7, 17, 23, 51
Ethanol	64-17-5	100.0 %		R: 11	S: 7, 8, 9, 10, 11, 12, 13, 14, 15, 16
Natriumhydroxid 99 %	1310-73-2	99.0 %		H: H290, H314	P: 280, 310, 301+330+331, 303+361+353, 305+351+338
Paraformaldehyde 4%	30525-89-4	4.0 %		H: H228, H302, H315, H317, H319, H332, H335, H351 EUH: 001	P: 261, 280, 301+312, 302+352, 305+351+338, 333+313
Paraformaldehyde 4%	30525-89-4	4.0 %		H: H228, H302, H315, H317, H319, H332, H335, H351	P: 261, 280, 301+312, 302+352, 305+351+338, 333+313
Perchlorsäure 70%	7601-90-3	70.0 %		H: H271, H314	P: 260, 280, 310, 301+330+331, 303+361+353, 305+351+338
Roti- Phenol/ Chloroform 1-10%	Stoffgemisch	5.0 %		H: H301, H311, H314, H331, H341, H373 EUH: 001	P: 201, 281, 309, 310, 304+340, 305+351+338
Salpetersäure 65% Reinst	7697-37-2	65.0 %		H: H272, H290, H314	P: 260, 280, 310, 303+361+353, 305+351+338

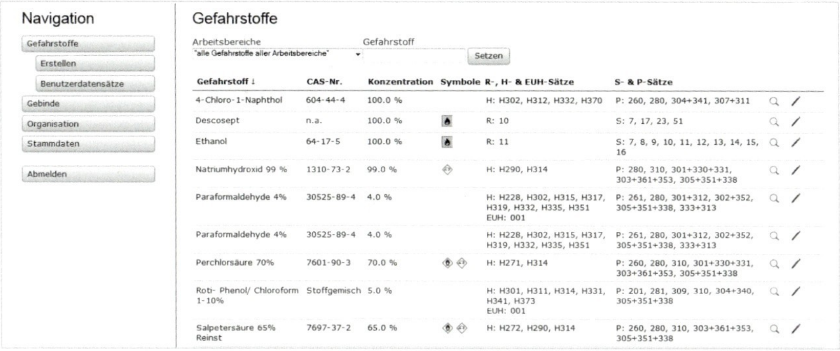

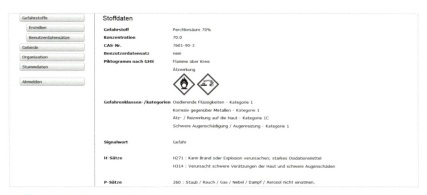

Abbildung 1: Gefahrstoffübersicht

Eine Besonderheit stellt die strikte Unterscheidung von Stamm- und Benutzerdaten dar: Vom Personal eingegebene Gefahrstoffe werden vom System als Benutzerdatensätze geführt, bis die Gefahrstoffbeauftragten diese genau überprüfen und zu Stammdaten übernehmen. Such- und Sortierfunktionen und die Möglichkeit, die Auswahl auf bestimmte Arbeitsbereiche zu beschränken, stellen einen komfortablen und effizienten Einsatz der Software sicher.

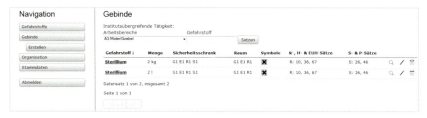

Abbildung 2: Stoffdatendetails

Für jeden Gefahrstoff kann ein detailliertes, ausdruckbares Datenblatt aufgerufen werden, in dem alle relevanten Informationen zusammengefasst sind.

Gefahrstoff ↓	Menge	Sicherheitsschrank	Raum	Symbole	R-, H- & EUH-Sätze	S- & P-Sätze
Sterillium	2 kg	G1 E1 R1 S1	G1 E1 R1		R: 10, 36, 67	S: 26, 46
Sterillium	2 l	G1 E1 R1 S1	G1 E1 R1		R: 10, 36, 67	S: 26, 46

Abbildung 3: Ansicht der Gebindedaten

Die einzelnen Stoffe werden Gebinden zugeordnet, meistens Verpackungseinheiten in Kilogramm oder Litern. Für Gefahrstoffberichte kann die Software die einzelnen Einheiten addieren und Gesamtmengen für einzelne Standorte ausgeben.

Abbildung 4: Verwaltung der Standortdaten

2.3. Zukünftig geplant

Nach der Inbetriebnahme des softwaregestützten Gefahrstoffkatasters sollen eventuell noch weitere Funktionen ergänzt werden. Beispielsweise soll eine Umzugsfunktion für Labore/Institute realisiert werden, die alle Gefahrstoffe bei einem Umzug transferiert. Eine Gefahrstoffbörse zur effizienteren Nutzung der internen Ressourcen oder das Einlesen von Gefahrstoffen über einen Barcode sind weitere Funktionen, die bereits angedacht ist.

3. ZUSAMMENFASSUNG

Entstanden ist ein auf den Kunden abgestimmtes Softwareinstrument, das außerdem durch seine effiziente und intuitive Benutzerführung überzeugt.

Gleichzeitig konnten die Studenten zahlreiche Erkenntnisse für die Gestaltung und Verwaltung der Gefahrstoffdatenerfassung im medizinischen Bereich gewinnen. Neben der allgemeinen Erkenntnis, dass Abstimmungsprozesse, an denen unterschiedliche Fachgruppen und Disziplinen beteiligt sind, extrem zeitaufwendig sind, gilt es zu beachten, dass auch gesetzliche Veränderungen stets mitgedacht werden müssen.

Literatur

Meinholz, Förtsch (2013): Handbuch für Gefahrstoffbeauftragte. Berlin: Springer

Ammelburger, Scherer (2010): Webentwicklung mit CakePHP. Köln: O'Reilly

Schatten et al. (2010): Best Practice Software-Engineering. Berlin: Springer

Bundesanstalt für Arbeitsschutz und Arbeitsmedizin (2010): Verordnung zum Schutz vor Gefahrstoffen (Gefahrstoffverordnung – GefStoffV)

Mertens et al. (2012): Grundzüge der Wirtschaftsinformatik. Berlin: Springer

Buxmann et al. (2011): Markt für Individualsoftware. Enzyklopädie der Wirtschaftsinformatik Online-Lexikon. Darmstadt: Technische Universtät.

http://www.enzyklopaedie-der-wirtschaftsinformatik.de/wi-enzyklopaedie/lexikon/uebergreifendes/Kontext-und-Grundlagen/Markt/Softwaremarkt/Individualsoftware Abgerufen am 18.3.1014

GESUNDH
MANAGE
&
-KOMMUN

EITS-
ENT

IKATION

ARBEITS- GESTALTUNG IM GESUNDHEITS- WESEN – MIT SICHERHEIT EFFIZIENT

Ingo Marsolek

Wachsender Kostendruck und steigende Qualitätsanforderungen bestimmen unser Gesundheitswesen. Die benötigte Effizienz- und Qualitätssteigerung darf jedoch nicht auf Kosten von Patienten oder Mitarbeitern geschehen. Stattdessen ist eine „balancierte Rationalisierung" gefordert. Diese kann nur mit Hilfe aller involvierten Mitarbeiter gelingen. Für eine erfolgreiche Projektrealisierung gilt es, dabei auf eine partizipative Visualisierung defizitärer Arbeitsprozesse als Ausgangsbasis für eine möglichst systematische Eliminierung existierender Arbeitsprozess- und Arbeitssystem-Schwächen zu setzen sowie den Ausbau vorhandener Stärken zu forcieren. Ziel dabei ist es, die bestehenden Arbeitsprozesse nicht nur möglichst ressourcenschonend, sondern auch sicher, gesundheitsfördernd und motivierend zu gestalten - sowohl für die Patienten als auch das eigene klinische Personal. Projektbegleitend muss zusätzlich eine praxisorientierte Qualifizierung ausgewählter Krankenhausmitarbeiter erfolgen, um langfristig eine kontinuierliche System-optimierung sicherzustellen.

1. VERÄNDERTE RAHMENBEDINGUNGEN FÜR KLINISCHE ARBEITSSYSTEME

Schon seit Mitte der 90er Jahre sehen sich Gesundheitseinrichtungen aller Art durch die Reformierung und Restrukturierung des Gesundheitswesens dazu gezwungen, sowohl ihre Leistungen als auch Strukturen stetig an eine sich dramatisch verändernde Rahmensituation anzupassen. Wachsender Kostendruck, steigende Qualitätsanforderungen, zunehmender Wettbewerb, die Leistungsvergütung anhand von sogenannten Diagnosis Related Groups (DRGs) und die Einführung einer integrierten Versorgung sowie der demografische Wandel, ein zunehmender Fachkräftemangel und die Forderung nach einer ausgeglichenen Work-Life-Balance durch die eigenen Mitarbeiter sind nur einige der anstehenden Herausforderungen für klinische Arbeitssysteme.

Vor diesem Hintergrund gewinnen Effizienz und Qualität – aber auch Patientenzufriedenheit und Mitarbeitermotivation – für innovativ-erfolgreiche und langfristig wirtschaftlich arbeitende Kliniken immer mehr an Bedeutung. Nur diese werden sich auch in Zukunft in einem zunehmend wettbewerbsorientierten Markt und unter dem anstehenden Fachkräftemangel sowohl unter ärztlichem und pflegerischem als auch technischem Personal in einem zunehmend wettbewerbsorientierten Gesundheitswesen behaupten können. Aus diesen Gründen ist eine möglichst nachhaltige und kontinuierliche Optimierung klinischer Arbeitssysteme und Arbeitsprozesse unerlässlich *(vgl. auch Marsolek, 2013)*.

Oftmals ist man sich dieser Herausforderung in klinischen Arbeitssystemen durchaus bewusst. Der gebotene Wandel stellt sich jedoch aufgrund historisch gewachsener komplexer Strukturen als überaus schwierig dar. Zwar setzen in vielen Fällen schon ein Wechsel der Rechtsform – und zum Teil auch der Eigentümer und Klinikleitung – deutliche Signale – aber nur von außen nach innen. Ein langfristig tragfähiger Wandel muss jedoch mit den Leistungs-erbringern selbst von innen nach außen erfolgen. Aus diesem Grund gilt es die klinischen Mitarbeiter selbst nicht nur in jeden einzelnen Veränderungsprozess systematisch miteinzubeziehen, sondern auch kontinuierlich und projekt-begleitend für eine nachhaltige und dauerhafte Optimierung ihres Arbeitssys-tems zu qualifizieren.

2. BALANCIERTE RATIONALISIERUNG STATT BANALER RATIONIERUNG KLINISCHER ARBEITSSYSTEME

Für eine möglichst nachhaltige Optimierung klinischer Arbeitssysteme gilt es daher, auf eine „balancierte Rationalisierung" anstelle einer „banalen Rationie-rung" zu setzen. Statt einer Schließung unrentabler Abteilungen und Massen-entlassung von hochqualifiziertem Personal muss dabei eine möglichst systema-tische Freisetzung vorhandener Optimierungspotenziale im Vordergrund stehen, um nicht nur dem anstehenden Fachkräftemangel in klinischen Arbeitssystemen möglichst vorbeugend zu begegnen, sondern auch mit zusätzlich freigesetzten Ressourcen neue erfolgversprechende Aufgabenfelder gemeinsam anzugehen und somit die eigene Attraktivität sowohl für Patienten als auch Mitarbeiter kon-tinuierlich zu erhöhen und dem eigenen klinischen Arbeitssystem einen spür-baren Wettbewerbsvorteil gegenüber konkurrierenden Krankenhäusern zu ver-schaffen *(vgl. auch Marsolek/Friesdorf, 2007 und 2009)*.

In diesem Kontext gilt es auch, eine systematische Verbesserung aller zu-vor von den eigenen Mitarbeitern als defizitär empfundenen Arbeitsbedingungen anzustreben. Arbeitsgestalterisches Ziel muss es dabei sein, dass die eigenen Mitarbeiter in produktiven und effizienten Arbeitsprozessen sowohl schädigungs-lose, ausführbare, erträgliche und beeinträchtigungsfreie Arbeitsbedingungen vorfinden als auch Standards sozialer Angemessenheit nach Arbeitsinhalt, Ar-beitsaufgabe, Arbeitsumgebung sowie Entlohnung und Kooperation erfüllt se-hen und gleichzeitig Handlungsspielräume entfalten, Fähigkeiten erwerben und in Kooperation mit anderen ihre Persönlichkeit entfalten und entwickeln können *(vgl. auch Luczak/Volpert 1987)*. Denn vergleicht man die im klinischen Arbeits-umfeld extrem hohen Fluktuationsraten, Fehltage und Unfallhäufungen zu ande-ren Arbeitssystemen, wird schnell deutlich, dass allein schon wegen der hiermit verbundenen Personalkosten sämtliche Maßnahmen zur Gesundheitsförderung und Motivation der eigenen Mitarbeiter – nicht nur für langfristig denkende Ge-sundheitseinrichtungen – verstärkt an Bedeutung gewinnen müssen und hiermit wichtige Grundlagen für eine nachhaltige Mitarbeitergewinnung und -bindung gelegt werden können. Nur so können klinische Arbeitssysteme mit Sicherheit effizient werden.

3. PARTIZIPATIVE PROZESSOPTIMIERUNG ZUR PROJEKTUMSETZUNG

Für eine möglichst effektive und nachhaltige Projektumsetzung stehen dabei folgende Projektbausteine im Vordergrund:

- Sensibilisierung und Projekt-Commitment des Top-Managements für eine „balancierte Rationalisierung" statt einer „banalen Rationierung" des klinischen Arbeitssystems und der Prozessabläufe; Auswahl geeigneter Pilotprojekte und Information aller betroffenen Krankenhausmitarbeiter im Rahmen von entsprechenden Kickoff-Meetings
- Arbeitsprozess-Visualisierung als Grundlage zur Analyse und Optimierung defizitärer Arbeitsabläufe mit dem Ziel einer ausbalancierten Steigerung von Behandlungsqualität, Effizienz, Arbeitssicherheit, Mitarbeiter- und Patientenzufriedenheit; Nutzung einer möglichst einfachen und leicht verständlichen Symbolik zur Prozessfluss-Visualisierung
- Definition von ablauforientierten Standards (Clinical Pathways und Standard Operating Procedures) unter Beteiligung der involvierten klinischen Mitarbeiter zur Verbesserung von Arbeitsprozessen und Arbeitsbedingungen (Eliminierung von Schwächen und Ausbau von Stärken); partizipative Identifikation des vorhandenen Optimierungspotenzials
- Ableitung ggf. erforderlicher struktureller Veränderungsmaßnahmen und Definition entsprechend systematischer und nachhaltiger Umsetzungsstrategien (u.a. für die Bereiche Aufbauorganisation, Arbeitszeitgestaltung, Führungsstruktur, Anreizsysteme, internes Vorschlagswesen, Critical-Incident-Reporting, Mitarbeitergewinnung und -bindung etc.)
- Projektbegleitende Schulung ausgewählter Krankenhausmitarbeiter bezüglich der erarbeiteten Optimierungen sowie der verwendeten Optimierungsmethodik; Qualifizierung einzelner Mitarbeiter zu Projektmanagern für eine kontinuierliche „balancierte Rationalisierung" statt einer „banalen Rationierung" des eigenen Arbeitssystems
- Multiplikation der erarbeiteten Projektergebnisse durch das geschulte Krankenhauspersonal (= entsprechend qualifizierte Mitarbeiter) für eine kontinuierliche Optimierung des eigenen Arbeitssystems mit dem Ziel einer ausbalancierten Steigerung von Behandlungsqualität, Effizienz, Arbeitssicherheit, Mitarbeiter- und Patientenzufriedenheit

Literaturverzeichnis

Luczak, H., Volpert, W. (1987): Arbeitswissenschaft. Kerndefinition – Gegenstandskatalog – Forschungsgebiete, RKW-Verlag, Eschborn.

Marsolek, Ingo (2013): Fachkräftemangel in wissensintensiven Arbeitssystemen – Arbeitsgestalterische Ansätze zur Personalbedarfsprognose, Ursachenanalyse und Problembewältigung, AV Akademikerverlag, Saarbrücken.

Marsolek, I.,Friesdorf, W. (2007): Arbeitswissenschaft im Gesundheitswesen – Balancierte Rationalisierung statt banaler Rationierung. In: Gesundheitsstadt Berlin e.V. (Hrsg.): Handbuch Gesundheitswirtschaft – Kompetenzen und Perspektiven der Hauptstadtregion, Medizinisch Wissenschaftliche Verlagsgesellschaft, Berlin.

Marsolek, I., Friesdorf, W. (2009): Changemanagement im Krankenhaus im Mittelpunkt der Mensch. In: Behrendt, I., König, H. J., Krystek, U. (Hrsg.): Zukunftsorientierter Wandel im Krankenhausmanagement – Outsourcing, IT Nutzenpotenziale, Kooperationsformen, Changemanagement, Springer Verlag, Berlin.

EINE EMPIRISCHE FALLSTUDIE ZUR FÖRDERUNG UND WEITER-ENTWICKLUNG DER FÜHRUNGS-KULTUR IN DEUTSCHEN KRANKENHÄUSERN

—

Wie die Leitidee der „lernenden Krankenhaus-organisation" in einem integrierten, kulturellen Transformationsprozess umgesetzt werden kann

Hagen Ringshausen | Tilo Wendler

GESAMTBETRIEBLICHE TRANSFORMATION VON KRANKENHÄUSERN
ZWINGEND ERFORDERLICH

Die Krankenhausbranche als zentraler Teil des Gesundheitsmarktes repräsentiert in Deutschland derzeit die stärkste Wachstumsbranche. [1] Sie steht damit stärker denn je vor enormen strukturellen inneren (insbesondere organisationsbezogenen) sowie äußeren (vor allem gesundheitspolitischen bzw. volkswirtschaftlichen) Transformationen: Demografische Effekte, Fachkräftemangel, Wirtschaftlichkeitsanforderungen, zunehmender Verdrängungswettbewerb, gestiegene Qualitätsanforderungen/Lebenserwartungen der Patienten sind nur einige der in Diskussionen stets wiederkehrenden Schlüsselbegriffe. Diese beschreiben das Ausmaß der Außenanforderungen skizzenhaft.

Der Fachkräftemangel ist davon der offensichtlichste äußere Veränderungsanlass. Die Gefahren des betriebswirtschaftlichen Scheiterns des Gesamtbetriebes angesichts der heutigen Führungskultur in Krankenhäusern erklären und entscheiden sich aus den Mikrostrukturen einzelner Pflegeabteilungen und Kliniken heraus. Hier diversifizieren sich die Individualinteressen der Führungskräfte und Mitarbeiter zunehmend und lassen sich immer weniger mit den übergeordneten Unternehmenszielen in Einklang bringen. Ein zielgruppenbezogenes Personalmanagement und insbesondere eine individualisierte Personalentwicklung finden sich nur in den allerwenigsten Organisationen wieder, die sich frühzeitig auf die neuen personalwirtschaftlichen Anforderungen eingestellt haben. [2]

Deshalb ist die gesamtbetriebliche Transformation eines Krankenhauses hin zu einem attraktiven und gleichzeitig profitabel wirtschaftenden Arbeitgeber komplex und schwierig. Denn diese Veränderungen sind „neben dem laufenden Tagesgeschäft" von innen heraus aufzunehmen und im Sinne eines kontinuierlichen, nachhaltigen Reorganisationsprozesses aktiv zu gestalten. Das „Bewahren" und „Sichern" der individuellen Erfahrungen, Handlungskompetenzen und Erfolgsroutinen der Leistungsträger (Retention Management) sind dabei ebenso wichtig wie das Vertrauen in ein engagiertes, fähiges Managementteam, das mit der Organisation gut vertraut sein sollte. Zudem ist eine geschlossene Organisationsentwicklung des gesamten Krankenhauses für die meisten Organisationen noch immer Neuland, entsprechend hoch sind die Ängste und Sorgen der Entscheidungsträger, sich auf ein derartiges Change Management Projekt einzulassen.

Bildlich gesprochen ist es notwendig, ohne das Auswechseln der Crew und der Passagiere „das Flugzeug im Flug umzubauen", um für den Passagier ab morgen im umfassenden Sinne komfortabler, schneller und ökonomischer zu sein. Interessant ist dabei, dass das Management von Krankenhäusern mittlerweile auch gezielt Change Management-Erfahrungen anderer Branchen, wie Automobil oder Finanzdienstleistungen nutzt. Vakante Schlüsselpositionen im

[1] Vgl. DIHK 2013 (2013), S. 7.

[2] Vgl. Ringshausen (2011) sowie Ringshausen (2009).

Verwaltungsbereich werden mit Vertretern anderer serviceorientierter Dienstleistungsbranchen, wie etwa aus der Hotellerie, besetzt.

Vor dem Hintergrund dieser Entwicklungen adressiert die vorliegende empirische Fallstudiefolgende Forschungsfragen:

1. Wie kann es Führungskräften im Krankenhaus gelingen, durch eine zielgruppengerechte, zeitgemäße Führung einen wesentlichen Beitrag zur „lernenden Krankenhausorganisation" zu leisten?

2. Welchen Beitrag zur lernenden Krankenhausorganisation leistet die Personalabteilung im kulturellen Transformationsprozess, um nicht nur als attraktiver Arbeitgeber wahrgenommen zu werden, sondern vor allem um Leistungs- und Potenzialträger nachhaltig zu binden und weiterzuentwickeln?

3. Durch welche weiteren praktischen Maßnahmen kann die Führungskultur im Krankenhaus angeregt und weiterentwickelt werden, um Zielkonflikte weiter abzubauen und Mitarbeiter- und Patientenzufriedenheit zu steigern?

WEGE ZUR MESSUNG
DER MITARBEITERZUFRIEDENHEIT

Die Ziele der Studie bedingen eine Messung der Zufriedenheit der Mitarbeiter von Krankenhäusern mit verschiedenen Aspekten des Arbeitsumfeldes. Als Methoden für eine Informationsgewinnung bieten sich Beobachtungen und Befragungen an. Letztere sind zu bevorzugen, da repräsentative Beobachtungen u. a. zeitaufwendig sind und eine ständige Belastung der Mitarbeiter in den Zielunternehmen nach sich ziehen. [3] Weiterhin lässt sich die Wahl der Methode aus dem Untersuchungsgegenstand dieser Studie, dem Zeitrahmen und dem verfügbaren Budget ableiten und begründen. [4]

[3] Beispielsweise argumentiert Dreehsen (1996), S. 53, zwar, dass Beobachtungen die ausgeübten Tätigkeiten nur minimal behindern, jedoch gibt sie zu Bedenken, dass dem Interviewer Misstrauen aus Angst um den Arbeitsplatz entgegengebracht werden könnte. Sie bescheinigt dieser Form der Datenbeschaffung zudem einen hohen Personal-, Zeit- und Koordinierungsaufwand.

[4] Für die Zusammenhänge zwischen Untersuchungsgegenstand, Zeitrahmen und Budget mit der zu wählenden Methode vgl. man auch Schnell et al. (1993), S. 325 ff.

[5] Die Verwendung offener Fragen ist kaum sinnvoll, da der anschließende Prozess der „Vercodung" sehr fehleranfällig ist. Vgl. Hoepner (1994), S. 111.

[6] Vgl. auch Zeifert (1999), S. 12, sowie Schnell et al. (1993), S. 328 f.

[7] Batininc/Bosnjak (2000), S. 307 f., untersuchten die Motivation zur Teilnahme an internetbasierten Befragungen und stellten fest, dass die vier Aspekte Neugier, Beitrag für die Forschung leisten, Selbsterkenntnis und materieller Anreiz zu betonen und auszunutzen sind.

[8] Der freiwillig zur Verfügung gestellte Zeitaufwand für eine internetbasierte Befragung beträgt lt. Batininc/Bosnjak (2000), S. 308, zwischen sechs und 15 Minuten.

[9] „Der Einsatz eines Computers bringt meist keine Vereinfachung. Oftmals vergrößert er den Gestaltungsaufwand, da neben dem reinen Frage- und Antworttext zusätzliche Angaben nötig sind." Hoepner (1994), S. 45. Auch Batininc/Bosnjak (2000), S. 292 f., stellen einen höheren Aufwand bei Umfragen per WWW-Formular fest.

[10] Vgl. Heinrich/Häntschel (2000), S. 64.

[11] Vgl. Heinrich/Pomberger (o.J.), S. 2 f.

Da das Ziel der Befragungen sehr eng eingegrenzt werden kann, sollen geschlossene Fragen bzw. zu bewertende Aussagen benutzt werden, die keine ausschweifenden Antworten zulassen. [5] Die Befragten werden sich bei der Durchführung immer nach dem für sie sichtbaren „Kosten-Nutzen-Verhältnis" für oder gegen eine Teilnahme entscheiden. [6] Obwohl die Forschung mit einer positiven Grundeinstellung der Befragten rechnen kann, muss der Sinn der Teilnahme an einer Befragung erläutert werden. [7] Damit wird die erhöhte Motivation geschaffen, den nötigen Aufwand nicht zu scheuen. [8] Weil der Frageninhalt das direkte Arbeitsumfeld der Teilnehmer betrifft, ist ein Hinweis auf Optimierungsmöglichkeiten durch eine Stärken-/Schwächenanalyse sicher ein erfolgversprechender Weg. So wird ausgenutzt, dass eine besondere Interessenlage bei den Mitarbeitern vorliegt.

Bei einem Umfang von wenigen Personen ist eine persönliche Befragung zwar prinzipiell möglich, jedoch aufgrund der Sicherung von Anonymität auszuschließen.

Grundsätzlich verbleibt die Wahlmöglichkeit zwischen schriftlicher oder computergestützter und internetbasierter Befragung, wobei Letztere folgende Vorteile realisieren würde:

- keine Vervielfältigung der Fragebögen, Minimierung der Einflüsse des Interviewers,
- geringe Ressourcenbelastung im Unternehmen auf Grund fehlender manueller Verteilung und Rücktransport der Fragebögen,
- effektive Auswertung elektronischer Daten ohne Medienbruch.

Jedoch sind auch Nachteile und Risiken damit verbunden:

- erhöhter Aufwand bei der Erstellung der Befragungsgrundlage [9] sowie
- zusätzlicher Test des elektronischen Zugriffs.

Da die Vorteile der Online-Befragung in Bezug auf die Durchführung und Auswertung gegenüber der papiergebundenen Variante im vorliegenden Fall nicht überwiegen, wird zur Durchführung eine anonyme und papiergebundene Erhebung benutzt.

ERFOLGSFAKTORENANALYSE ALS ERHEBUNGSMETHODIK

Um Anhaltspunkte für die Bedeutung einzelner Kriterien der Umfrage aus Sicht der Mitarbeiter zu erhalten, soll eine als Erfolgsfaktorenanalyse bezeichnete Methode eingesetzt werden. Als Erfolgsfaktor bezeichnet man Eigenschaften von Management und Geschäftsprozessen sowie Ressourcen. [10] Dies sind insbesondere: [11]

1. *Priorität eines Erfolgsfaktors:*
   Sie bezeichnet das Potenzial eines Erfolgsfaktors, mit dem
   er zum Unternehmenserfolg beiträgt.
2. *Leistung eines Erfolgsfaktors:*
   Sie steht für das ausgeschöpfte Potenzial eines Erfolgsfaktors.

Zur Beurteilung von Priorität und Leistung der Erfolgsfaktoren wird je ein Fragebogen erstellt. In der Erhebung der Erfolgsfaktorenpriorität als Teil 1 der Umfrage soll zunächst festgestellt werden, welche Aspekte aus Mitarbeitersicht für dessen Zufriedenheit wichtig sind. Sie dient dazu, die Struktur eines Systemideals erkennen zu helfen. Im zweiten Teil der Umfrage wird der Leistungsaspekt, also die tatsächliche Zufriedenheit des Mitarbeiters mit dem jeweils zu diskutierenden Aspekt erhoben. Die Kombination von Priorität und Leistung ermöglicht anschließend eine objektive Bewertung des Arbeitsumfeldes aus Sicht des Mitarbeiters und begrenzt zugleich den Interpretationsspielraum bei der Auswertung.

EINFLUSS VON FÜHRUNGSKRÄFTEN ENTSCHEIDEND

Wie die empirische Fallstudie eindrucksvoll offenlegte, gehen wesentliche kulturelle Einflüsse zur Entwicklung der lernenden Krankenhausorganisation signifikant von allen Führungskräften aus; mitentscheidend ist dabei allerdings das effektive Zusammenspiel zwischen den Führungskräften und der Personalabteilung in allen taktisch-operativen wie auch strategischen personalwirtschaftlichen Fragestellungen. Beide Bereiche – Führungskräfte wie Personalabteilung – müssen ergebnisverantwortlich in den Transformationsprozess eingebunden werden. [12]

Die Bewältigung des Fachkräftemangels, die ein neues Agieren gegenüber den inneren wie äußeren Unternehmensbedingungen erfordert, ist nur über ein neues betriebliches Rollenverständnis von Führungskräften und Personalmanagern im Krankenhaus möglich. Hierfür können grundlegend drei Handlungsempfehlungen formuliert werden : [13]

1. Führungskräfte sollten eine aktive, personalwirtschaftliche Mitverantwortung tragen. Dementsprechend sind eine systematische Nutzung von Führungskompetenzen sowie die Realisierung von Führungspotentialen individuell erforderlich. Dies kann etwa dadurch erreicht werden, dass Personalentwicklungsziele für die Mitarbeiter einer medizinischen Fachklinik in der Jahreszielvereinbarung zwischen Geschäftsführung und klinikleitendem Chefarzt verbindlich vereinbart und nachgehalten werden.
2. Führungskräfte und Personalmanager sollten partnerschaftlich kooperieren und das HRM (Personalmanagement) gemeinsam bewerkstelligen. Das HR Business-Partner-Modell stellt hierfür eine geeignete Struktur dar. Die Impulse zur Förderung insbesondere von Leistungs- und Potenzialträgern können nur dezentral über die

[12] Vgl. Ringshausen (2011) sowie Ringshausen (2009).

[13] Vgl. Albuszies (2012).

Führungskräfte aus den Fachabteilungen kommen; für das im zweiten Schritt erforderliche Angebot bzw. die Bereitstellung von passgenauen Services zeichnet die Personalabteilung verantwortlich.

3. Führungskräfte und Personalmanager sollten kollektiv die Unternehmenskultur derart prägen, dass der Arbeitgeber nach innen wie von außen attraktiv erscheint, indem für möglichst alle Berufs- und Altersgruppen eine „Employer Value Proposition" realisiert werden kann. Das heißt beispielsweise auch, dass es über das gesamte Leistungsportfolio hinweg einen geschlossenen, einheitlichen Marktauftritt geben sollte. In den meisten Fällen erhält man als Interessent eine „Krankenhaus-Imagebroschüre" in Form einer Sammlung von 10 – 30 Einzelflyern aller unter dem Krankenhausdach vertretenen Kliniken und Einrichtungen.

Literaturverzeichnis

Albuszies, G. (2012), Human Resources Management im Krankenhaus (Master Thesis): Ein neues Rollenverständnis von Führungskräften und Personalabteilungen zur Bewältigung des Fachkräftemangels.

Batininc, B. und Bosnjak, M. (2000), „Fragebogenuntersuchungen im Internet", in Batininc, B. (Hrsg.), Internet für Psychologen, S. 287–343.

DIHK 2013 (2013), „DIHK-Report Gesundheitswirtschaft. Sonderauswertung der DIHK-Umfrage Sonderauswertung der DIHK-Umfrage bei den Industrie- und Handelskammern Frühjahr 2013", abrufbar unter: http://www.google.de/url?sa=t&rct=j&q=&esrc=s&source=web&cd=1&ved=0CDMQFjAA&url=http%3A%2F%2Fwww.dihk.de%2Fressourcen%2Fdownloads%2Fdihk-gesundheitsreport-fruehjahr-2013.pdf&ei=CaxTUsewKMXtOgXlzIHwBA&usg=AFQjCNHZg_w-qcH7SnokrMVgqxkDCCQXQA&sig2=WPBZW3G8joNXIvF3ko3Q&bvm=bv.53537100,d.d2k&cad=rja (letzter Zugriff 8. Oktober 2013).

Dreehsen, B. (1996), Qualitätssicherung bei EDV-Systemen: Auswahl, Einsatz und Betrieb von Hard- und Software gemäss DIN/ISO 9000ff, VDI-Verl., Düsseldorf.

Heinrich, L.J. und Häntschel, I. (2000), Evaluation und Evaluationsforschung in der Wirtschaftsinformatik: Handbuch für Praxis, Lehre und Forschung, Oldenbourg, München [u.a.].

Heinrich, L.J. und Pomberger, G. (o.J.), „Erfolgsfaktorenanalyse – Instrument für das strategische IT-Controlling" (letzter Zugriff 2. Oktober 2013).

Hoepner, G. (1994), Computereinsatz bei Befragungen, DUV Wirtschaftswissenschaft, Dt. Univ.-Verl., Wiesbaden.

Ringshausen, H. (2009), „Paradigmenwechsel zur Dynamisierung interner Arbeitsmärkte – innovative Personalentwicklungsinstrumente und Qualifizierungsstrategien", in Schmidt, K. (Hrsg.), Gestaltungsfeld Arbeit und Innovation: Perspektiven und best practices aus dem Bereich Personal und Innovation, Haufe Fachpraxis, Haufe-Mediengruppe, Freiburg, Br, Berlin, München [i.e.] Planegg, S. 433–448.

Ringshausen, H. (2011), „Weshalb der Klinikarzt der wichtigste Erfolgsfaktor bei Veränderungsprojekten im Krankenhaus sein könnte – ein Plädoyer für den Arzt als Change Manager. Identifikation einer neuen Arztrolle angesichts drängender interner Strukturprobleme", in Hellmann, W. (Hrsg.), Managementwissen für Krankenhausärztinnen und Krankenhausärzte: Das Basiswissen zu Betriebswirtschaft, Qualitätsmanagement und Kommunikation, Gesundheitswesen in der Praxis, Medhochzwei, Heidelberg, S. 216–227.

Schnell, R., Hill, P.B. und Esser, E. (1993), Methoden der empirischen Sozialforschung, 4., überarb. Aufl., Oldenbourg, München, Wien.

Zeifert, R. (1999), Internetbefragung als Alternative zu konventionellen Befragungstechniken: Analyse konkreter Beispiele, Frankfurt/Main, Johann Wolfgang Goethe-Universität.

GESUNDHEITSKOMMUNIKATION ALS NETZWERKKOMMUNIKATION

Reinhold Roski

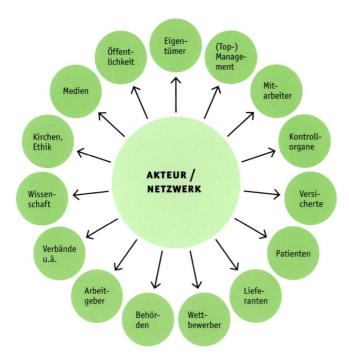

Abbildung 1: Kommunikation mit Stakeholdern (Anspruchsgruppen) im Gesundheitswesen

1. KOMMUNIKATION IM GESUNDHEITSWESEN

Das Gesundheitswesen ist ein komplexes soziales System, das ohne die integrale Kraft der Kommunikation überhaupt nicht denkbar ist. Für die Gesundheit wirken zahlreiche Bereiche mit unterschiedlichen Leitbildern, Zielsetzungen und Ansprüchen zusammen. Sozialwesen, Medizin, Wirtschaft und Politik mit ihren jeweiligen gesundheitlich-medizinischen, sozialen, ökonomischen und politischen Zielen, Bedürfnissen und Ansprüchen müssen darum mit zahlreichen Konflikten und Kompromissen umgehen. Zu deren Aushandlung und Lösung ist in der Regel umfangreiche Kommunikation nötig. [1]

Kommunikation ist der integrale Kern jedes sozialen Systems und seiner Wertschöpfung, so auch im Gesundheitssystem. Kommunikation im Gesundheitssystem umfasst darum die Kommunikation in allen gesundheitlichen Zusammenhängen, in Wirtschaft, Gesellschaft und Politik, die Kommunikation der Akteure und aller internen und externen Stakeholder (Anspruchsgruppen). Die Interaktionen und Beziehungen im Gesundheitssystem bestehen aus Kommunikation oder werden von Kommunikation begleitet. Diese gesamte Kommunikation kann als Gesundheitskommunikation bezeichnet werden. Sie ist ein genuin interdisziplinäres Forschungs- und Anwendungsfeld.

[1] Vgl. R. Roski, Akteure, Ziele und Stakeholder im Gesundheitswesen – Business Marketing, Social Marketing und Zielgruppensegmentierung, in: R. Roski (Hrsg.), Zielgruppengerechte Gesundheitskommunikation. Akteure – Audience Segmentation – Anwendungsfelder, Wiesbaden 2009, S. 3–31.

Gesundheitskommunikation lässt sich auf drei Ebenen betrachten. Die Mikro-Ebene bildet die direkt-personale Kommunikation. Hier geht es etwa um die Beratung von Patienten, um die Interaktion zwischen Arzt und Patient oder um die persönliche Betreuung eines Versicherten durch Mitarbeiter der Krankenversicherung. Diese Ebene kann sich auch indirekt-persönlich durch Medien (Briefe, E-Mail, Telefon), Massenmedien (Bücher, Zeitschriften, Radio und Fernsehen) oder aktuell insbesondere online (Internet, Web, Social Media) abspielen, in Ergänzung oder in Konkurrenz zur direkt-personalen Kommunikation.

Hier geht es um das alltägliche Zusammenwirken im Dreieck Versicherter/Patient – Arzt/Leistungserbringer – Kostenträger mit seinen vielfältigen Kommunikationsproblemen zwischen den beteiligten Personen. Dabei sind zahlreiche Veränderungen von paternalistischer Gewohnheit zu mehr Partnerschaftlichkeit zu erkennen, die sich insbesondere aus der selbstbewusster gewordenen Rolle des Versicherten und Patienten ergeben. Bei der Zusammenarbeit unterschiedlicher Professionen (z.B. Ärzte und Manager, Mediziner und andere Gesundheitsberufe) muss die Kommunikation mit verschiedenen Fachkulturen, Interessenlagen und Zielen umgehen können.

Auf der Meso-Ebene geht es um die Kommunikation und Zusammenarbeit zwischen den Organisationen der Akteure, also z.B. zwischen Krankenkassen, Leistungserbringern, Prozesspartnern und Pharmaunternehmen. Im Zuge sektorenübergreifender Zusammenarbeit oder des selektiven Kontrahierens ergeben sich hier neuartige Probleme, mit denen sich die Beteiligten schwertun. Netzwerke der Zusammenarbeit und informationstechnische Unterstützungssysteme, wie z.B. die elektronische Gesundheitskarte, eine elektronische Patientenakte, Abrechnungszentren, Telemedizin, müssen sich neben technischen Problemen auch mit vielfältigen Interessengegensätzen, dem Kampf um Macht, Einfluss und Geld, auseinandersetzen.

Die Makro-Ebene betrifft das System als Ganzes. Hier geht es um die Einflussnahme auf die Gesundheitspolitik mit Interessen, persönlichen Kontakten und Lobbying, die durch die Presse- und Öffentlichkeitsarbeit der gesundheitspolitischen Akteure aus Bund und Ländern, persönliche Gespräche und Verhandlungen im Hintergrund sowie in öffentlichen Foren mit Experten, Journalisten und Bürgern stattfindet. Ein sachlicher Diskurs wird häufig durch das aggressive Vorbringen von Positionen, Manipulation und mediale Kniffe erschwert. Wissenschaftliche Politikberatung spielt sich zwischen Evidenzbasierung und verborgenem Lobbyismus ab. Eine paternalistische Grundhaltung und die Schwäche der Versicherten/Patienten auf dieser Ebene erschweren trotz des korporativen Systems der Selbstverwaltung oft eine bürgerorientierte Mitwirkung und Mitentscheidung.

[2] Vgl. E. von Kardorff, Soziale Netzwerke in der Rehabilitation und im Gesundheitswesen, in: C. Stegbauer, R. Häußling, Handbuch Netzwerkforschung, Wiesbaden 2011, S. 715–724; V. E. Amelung, J. Sydow, A. Windeler, Vernetzung im Gesundheitswesen im Spannungsfeld von Wettbewerb und Kooperation, in: V. E. Amelung, J. Sydow, A. Windeler (Hrsg.), Vernetzung im Gesundheitswesen. Wettbewerb und Kooperation, Stuttgart 2009, S. 9–18.

[3] Vgl. R. Roski, P. Stegmaier, A. Kleinfeld (Hrsg.), Disease Management Programme. Statusbericht 2012. MVF-Fachkongresse „10 Jahre DMP" und „Versorgung 2.0", Schriftenreihe Monitor Versorgungsforschung, Bonn, 2012.

Als Sender und Empfänger der Kommunikation lassen sich die Anbieter/ Akteure mit ihren Strategien, Botschaften und Instrumenten sowie die Nutzer mit ihrer Wahrnehmung, Informationsverarbeitung, ihrer Kompetenz und ihrem Gesundheitsverhalten unterscheiden. Gesundheitskommunikation wird häufig in dieser Logik behandelt. Die wichtige ethische Komponente der Gesundheitskommunikation ist in dieser Darstellung lediglich implizit enthalten.

2. NETZWERKE IM GESUNDHEITSWESEN

Im Zuge der Bemühung um ziel- und bedarfsgerechte, effiziente und effektive Gesundheitsversorgung nimmt die Zusammenarbeit der Akteure im Gesundheitswesen stark zu. Ziel ist häufig eine integrierte Versorgung, in der verschiedene Leistungsanbieter sektorenübergreifend zusammenarbeiten, um durch die Bewältigung von Schnittstellenproblemen, z.B. zwischen stationärer und ambulanter Versorgung, bessere Ergebnisse, Synergieeffekte und Kostenreduzierungen zu erreichen. Mit ähnlichen Methoden versuchen familiäre und nachbarschaftliche Netze, Selbsthilfe zu ermöglichen, lokal vernetzte Präventions- und Rehabilitationsprogramme versuchen, die Gesundheit zu fördern, und Pflegenetze versuchen, Rehabilitation und Nachsorge zu verbessern. [2]

Kostenträger fördern Versorgungsnetzwerke zur Ergänzung der Regelversorgung durch Selektivverträge/Einzelverträge, um durch bessere Kommunikation zwischen Leistungserbringern, Krankenkassen und Versichertem/Patient, eine bessere Koordination der Leistungserbringung und dadurch schnelleren Heilerfolg, Vermeidung von Wiedererkrankungen und Chronifizierung sowie weniger Nebenwirkungen zu erreichen. Dadurch soll eine höhere Qualität gegenüber der Regelversorgung und/oder eine kostengünstigere Erreichung derselben Ergebnisse erzielt werden. Selektivverträge und integrierte Versorgung müssen durch die Arbeit der Netzwerke mit Leben erfüllt werden, um diese Erfolge zu erzielen. [3]

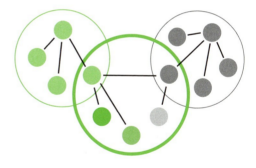

Abbildung 2: Netzwerk aus Partnern, die teilweise auch in andere Organisationen eingebunden sind

3. KOMMUNIKATION IN NETZWERKEN

Der entscheidende Faktor für die erfolgreiche Arbeit in den Netzwerken ist die wirkungsvolle Kommunikation mit den Nutzern sowie die effiziente Führung und das Management mit den Netzwerkpartnern. Eine wesentliche Grundlage der Netzwerkarbeit ist Vertrauen, da die Nutzer als Laien die Qualität der Versorgung nur sehr unzureichend beurteilen können und die Partner des Netzwerks die Fairness der Zusammenarbeit in der Regel nicht in allen Einzelheiten nachprüfen können. Darum sind Vertrauensmanagement und die Signalisierung von Qualität wesentliche Aufgaben der Arbeit im Netzwerk einschließlich der Kommunikation. Durch Vertrauen erwirbt das Netzwerk soziales Kapital.

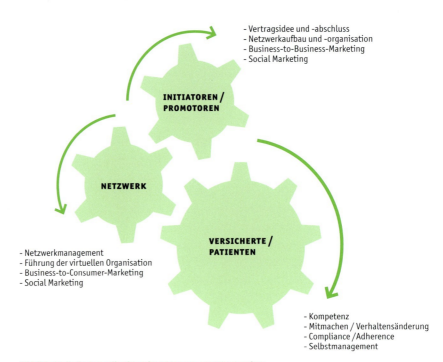

- Vertragsidee und -abschluss
- Netzwerkaufbau und -organisation
- Business-to-Business-Marketing
- Social Marketing

INITIATOREN / PROMOTOREN

NETZWERK

VERSICHERTE / PATIENTEN

- Netzwerkmanagement
- Führung der virtuellen Organisation
- Business-to-Consumer-Marketing
- Social Marketing

- Kompetenz
- Mitmachen / Verhaltensänderung
- Compliance /Adherence
- Selbstmanagement

Abbildung 3: Kommunikation eines Versorgungsnetzwerkes

Auf der persönlichen Ebene fällt der Aufbau von Vertrauen am leichtesten, hier entsteht Vertrauen in der Regel im Laufe der Zeit als Ergebnis guter Zusammenarbeit. Je dezentraler und virtueller Netzwerke arbeiten, desto mehr explizite Aufmerksamkeit erfordert die Signalisierung qualitätsorientierter, fairer, Vertrauen verdienender Kooperation. **[4]**

   Toepler identifiziert in Netzwerken der Rehabilitation mit Krankenhäusern, Allgemeinärzten, Fachärzten, Pflege- und sozialen Betreuungseinrichtungen als Partnern folgende Erfolgsfaktoren: sorgfältige Auswahl der Netzwerkpartner, übergeordnete Ziele und Grundsätze, Vertrauen unter den Partnern, abgestimmte Ziel- und Behandlungsplanung, eine von allen anerkannte koordinierende Stelle zur Steuerung und Qualitätssicherung, regelmäßige Kommunikation, regelmäßige Evaluation der Zusammenarbeit. **[5]**

[4] Vgl. Jörg Sydow (Hrsg.), Management von Netzwerkorganisationen, Wiesbaden 2010; M. Keil, Netzwerk Management – im virtuellen globalen Raum effizient sein, in: Gruppendynamik und Organisationsberatung, Juni 2010, Vol. 41, Ausgabe 2, S. 145–156.

[5] Vgl. E. Toepler, Erfolgsfaktoren für die Zusammenarbeit in einem Netzwerk, in: Trauma und Berufskrankheit, Mai 2012, Vol. 14, Ausgabe 2 Supplement, S. 140–143.

Erfolgsfaktoren für gute Zusammenarbeit im Gesundheitsnetzwerken lassen sich in drei Gruppen ordnen:

- Gemeinsames Grundverständnis (Vision, Philosophie, Leitbild) und Vertrauen
- Organisationale Führung durch Kommunikation in Strukturen und Prozessen, auch um Schnittstellenprobleme zu lösen (Anreiz- und Vergütungssysteme, Organigramme, Ablaufpläne, Verfahrensvorschriften, Zuständigkeitsregelungen u.ä.)
- Direkte Führung durch persönliche Kommunikation (persönliche Gespräche, Benchmarking, Informationsveranstaltungen und Fachtagungen, Orientierung und Diskussion der Arbeit anhand definierter Qualitätsindikatoren, regionale Treffen) auf verschiedenen fachlichen Ebenen (Lenkungsgremium/Geschäftsführung, fachliche Arbeitskreise, Qualitätsmanagement)

Hierbei sind Sensibilität und Rücksicht auf die unterschiedlichen Stile und fachlichen Kulturen der Beteiligten wichtig. Insbesondere darf keine Seite diskriminiert werden. Wie allgemein im Management ist auch die menschliche Seite der beteiligten Personen für den Erfolg entscheidend.

In den verschiedenen Phasen des Netzwerks haben Zusammenarbeit und Kommunikation unterschiedliche Schwerpunkte. Bei der Vorbereitung, der Gründung, dem Aufbau, der Arbeit im ausgereiften Netzwerk und bei Änderungen (Change Management) ergeben sich ganz unterschiedliche Aufgaben und es sind verschiedene Kommunikationsstile gefragt.

4. GESUNDHEITSKOMMUNIKATION

Auch Kommunikationsaufgaben wie Gesundheitskampagnen, die einen Absender haben, werden in der Regel durch die Einbeziehung von Partnern in ihrer Verbreitung und Wirkung entscheidend verbessert. So, dass Gesundheitskommunikation kaum tatsächlich von einem einzelnen Absender ausgeht, sondern fast immer in einem Netzwerk von Partnern stattfindet. In diesem Netzwerk muss gemeinsam daran gearbeitet werden, den Erfolg der Kommunikation zu erreichen.

So ist also der Erfolg von Netzwerken im Gesundheitswesen entscheidend von der richtigen Kommunikation nach innen und außen abhängig und umgekehrt wird Gesundheitskommunikation durch Netzwerke erheblich erfolgreicher.

INTEGRIERTE VERSICHERTEN-KOMMUNIKATION IN DER GESETZLICHEN KRANKEN-VERSICHERUNG

—

am Beispiel von Kundenzeitschrift und Social-Media-Marketing

Brigitte Clemens-Ziegler | Evelyn Kade-Lamprecht | Rudolf Swat

Quelle: www.terraconsult.de

Abbildung 1: Kundentouchpoints einer Krankenkasse

1. KOMMUNIKATION IST WICHTIGER WETTBEWERBSFAKTOR IN DER GKV

Aus der Perspektive der Versicherten werden die Leistungen von gesetzlichen Krankenversicherungen (GKV) immer austauschbarer. Rund 95 % des GKV-Leistungsportfolios sind durch das Sozialgesetzbuch staatlich vorgegeben. Zusatzleistungen wie Bonusprogramme, Wahltarife, Kostenerstattung für Homöopathie, ärztliche Zweitmeinung oder besondere Vorsorgeuntersuchungen für Kinder haben sich mittlerweile zum Marktstandard entwickelt und sind keine echten Alleinstellungsmerkmale mehr. Preisliche Anreize, die zum Kassenwechsel anregen, sind seit der Abschaffung der Beitragssatzautonomie im Jahr 2009 nur noch in Form von Prämien bzw. Zusatzbeiträgen möglich. Folglich wird die Art und Weise, **„wie" die Krankenkassen mit Kunden, Patienten und Interessenten kommunizieren**, zu einem wichtigen Wettbewerbsfaktor im GKV-Markt.

Hierbei ist es entscheidend, dass eine moderne Krankenversicherung **die gesamte Klaviatur der Kontaktkanäle zu den Kunden professionell beherrscht.** Neben den klassischen Printmedien, wie der regelmäßigen Kundenzeitschrift, erwarten die Versicherten von ihrer Krankenkasse ein umfangreiches Informationsangebot auf der Webseite, einen interessanten Online-Newsletter und einen individuellen E-Mail-Dialog mit dem Kundenberater. Dabei besteht eine besondere Herausforderung darin, die richtigen **Zielgruppen** mit dem richtigen **Medien-Mix** und mit den richtigen **Gesundheitsbotschaften** zu erreichen. Um die besonders interessante junge Zielgruppe für gesundheitsrelevante Themen zu gewinnen, führt auch für Krankenkassen an den digitalen Kanälen Social Media und Mobile Services kein Weg mehr vorbei.

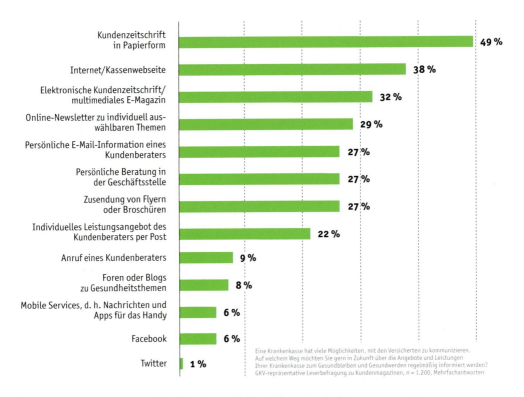

Quelle: www.terraconsult.de

Kundenzeitschrift in Papierform — 49 %
Internet/Kassenwebseite — 38 %
Elektronische Kundenzeitschrift/ multimediales E-Magazin — 32 %
Online-Newsletter zu individuell auswählbaren Themen — 29 %
Persönliche E-Mail-Information eines Kundenberaters — 27 %
Persönliche Beratung in der Geschäftsstelle — 27 %
Zusendung von Flyern oder Broschüren — 27 %
Individuelles Leistungsangebot des Kundenberaters per Post — 22 %
Anruf eines Kundenberaters — 9 %
Foren oder Blogs zu Gesundheitsthemen — 8 %
Mobile Services, d. h. Nachrichten und Apps für das Handy — 6 %
Facebook — 6 %
Twitter — 1 %

Eine Krankenkasse hat viele Möglichkeiten, mit den Versicherten zu kommunizieren. Auf welchem Weg möchten Sie gern in Zukunft über die Angebote und Leistungen Ihrer Krankenkasse zum Gesundbleiben und Gesundwerden regelmäßig informiert werden? GKV-repräsentative Leserbefragung zu Kundenmagazinen, n = 1.200, Mehrfachantworten

Abbildung 2: Rolle der Kundenzeitschrift im Kommunikations-Mix von Krankenkassen

2. KONTAKTKANAL KUNDENZEITSCHRIFT

2.1 Kernmedium der Kundenkommunikation

Ungeachtet des allgemeinen Online- und Social-Media-Trends ist und bleibt die klassische Kundenzeitschrift in Papierform der **wichtigste Kommunikationskanal** einer Krankenkasse zu den Kunden. Rund 50 % der Versicherten präferieren das Kundenmagazin als Informationsmedium für Angebote und Leistungen ihrer Krankenkasse zum Gesundbleiben und Gesundwerden. Damit rangiert die Kundenzeitschrift in der Lesergunst noch vor den Online-Kanälen Webseite, Newsletter oder E-Mail des Kundenberaters [vgl. Abbildung 2]. Drei Viertel der Leser erwarten, dass die Bedeutung der Kundenzeitschrift in der Kommunikation mit der Krankenkasse in Zukunft gleich bleiben oder sogar noch steigen wird. [1]

Dabei ist das Interesse an der klassischen Printzeitschrift **keine Frage des Alters** der Leser. Wie mehrere Repräsentativbefragungen von insgesamt 3.700 Lesern verschiedener GKV-Kundenzeitschriften belegen, werden die Kassenmagazine von den jüngeren Kunden unter 30 Jahren ebenso intensiv eingefordert wie z. B. von Familien im mittleren Alter oder von Senioren.

Die Herstellung und der Versand einer GKV-Kundenzeitschrift an die Mitglieder sind besonders **kostenintensiv** und umfassen schätzungsweise rund ein Drittel des gesamten Budgets für Unternehmenskommunikation einer Kranken-

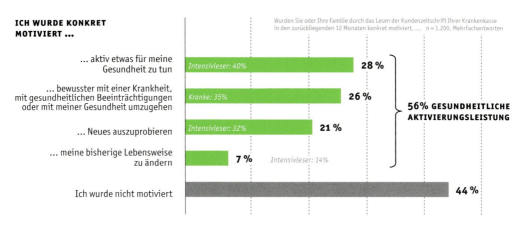

ICH WURDE KONKRET MOTIVIERT ...

Wurden Sie oder Ihre Familie durch das Lesen der Kundenzeitschrift Ihrer Krankenkasse in den zurückliegenden 12 Monaten konkret motiviert, ... n = 1.200, Mehrfachantworten

... aktiv etwas für meine Gesundheit zu tun — Intensivleser: 40% — **28 %**

... bewusster mit einer Krankheit, mit gesundheitlichen Beeinträchtigungen oder mit meiner Gesundheit umzugehen — Kranke: 35% — **26 %**

... Neues auszuprobieren — Intensivleser: 32% — **21 %**

... meine bisherige Lebensweise zu ändern — **7 %** — Intensivleser: 14%

Ich wurde nicht motiviert — **44 %**

56% GESUNDHEITLICHE AKTIVIERUNGSLEISTUNG

Abbildung 3: Aktivierungsleistung Gesundheitsnutzen

kasse. Größere Kassen investieren jährlich mehr als eine Mio. Euro in den Kontaktkanal Kundenzeitschrift. Umso wichtiger ist es, neben der **Akzeptanz** und der **Reichweite** auch die **Wirkung** sowie den **Nutzen** des eigenen Kundenmagazins in regelmäßigen Zeitabständen einer professionellen Analyse zu unterziehen.

Eine gute Kundenzeitschrift muss es verstehen, **„Krankenkasse" zu erklären** und den Lesern *relevante* **Inhalte nahe zu bringen.** Neben Hintergrundwissen zu Krankheiten dominieren praktische Hilfen zur Leistungsnutzung sowie Informationen über innovative Behandlungsmethoden und neue Kassenleistungen die Wunschliste der Leser. In der Praxis kommt die Erklärung von Leistungen und Behandlungsmöglichkeiten in den Kassenmagazinen jedoch viel zu kurz. So nutzen nur 52 % der Kassen das Kundenmagazin intelligent, um den Lesern ihre Leistungsstärke bei den neuen Versorgungsangeboten nahe zu bringen, indem sie z. B. alternative Heilmethoden, besondere Vorsorgeuntersuchungen für Kinder und Schwangere, strukturierte Behandlungsprogramme für chronisch Kranke oder neue Therapieangebote vorstellen, bei denen Ärzte verschiedener Fachdisziplinen Hand in Hand arbeiten. **[2]**

2.2 Kundenzeitschriften bringen Gesundheitsnutzen und stärken die Kundenbindung

Kundenmagazine bewirken Verhaltensänderungen und bringen **Nutzen für das Gesundbleiben und Gesundwerden.** So wurden 56 % der Leser durch das Kundenmagazin ihrer Kasse konkret zu einer gesunden Lebensweise motiviert, zu einem bewussteren Umgang mit gesundheitlichen Beeinträchtigungen oder zum Ausprobieren von Neuem angeregt **[vgl. Abbildung 3]. [3]**

Dass die GKV-Kundenmagazine darüber hinaus auch positiv auf die **Kundenbindung** an die Krankenkasse

[1] Vgl. TCP, Leserbefragung, 2013, S. 42–43.

[2] Vgl. TCP, Test Kundenzeitschriften, 2013, S. 41–44.

[3] Vgl. TCP, Leserbefragung, 2013, S. 36.

72

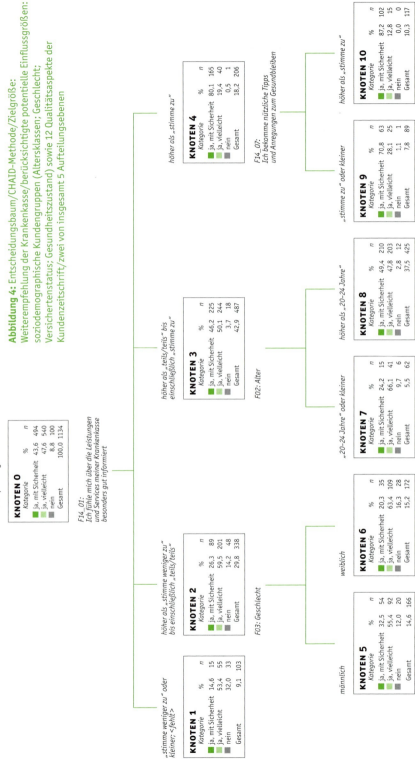

Abbildung 4: Entscheidungsbaum/CHAID-Methode/Zielgröße: Weiterempfehlung der Krankenkasse/berücksichtigte potentielle Einflussgrößen: soziodemographische Kundengruppen (Altersklassen; Geschlecht; Versichertenstatus; Gesundheitszustand) sowie 12 Qualitätsaspekte der Kundenzeitschrift/zwei von insgesamt 5 Aufteilungsebenen

[4] Vgl. Huss/Milge/Schalhorn, Kundenmagazine GKV und ihre Bedeutung, 2013.

[5] Vgl. TCP, Social Media Marketing GKV, 2013, S. 40.

wirken und sogar das **Kassenimage** stärken, konnte durch verschiedene multivariate statistische Zusammenhangsanalysen nachgewiesen werden, die das Ergebnis eines gemeinsamen Datamining-Projektes von TCP und HTW-Studierenden waren [4].

Unter Anwendung von Entscheidungsbäumen/ CHAID-Verfahren wurden u. a. unterschiedlichste mögliche Einflussgrößen in ihrer Wirkung auf die Kundenbindung (verifiziert durch die Variable „Weiterempfehlung der Krankenkasse") analysiert. Wenn es einer Kundenzeitschrift gelingt, die Leser durch eine gute Themenauswahl und -vielfalt zu überzeugen, insb. die Leser besonders gut über die Leistungen und Services der Kasse zu informieren, wirkt sich dies signifikant positiv auf die Kundenbindung an die Krankenkasse aus [siehe Abbildung 4]. In weiteren Analysen konnte darüber hinaus nachgewiesen werden, dass der Informationswert einer GKV-Kundenzeitschrift auch das Image der Krankenkasse positiv beeinflusst.

3. KONTAKTKANAL SOCIAL MEDIA

3.1 Facebook entwickelt sich zum vollwertigen Kontakt- und Servicekanal
Seit fast vier Jahren haben die Kunden die Möglichkeit, sich mit ihrer Krankenkasse auf **Facebook** zu befreunden und seit immerhin acht Jahren können Kunden YouTube-Videos ihrer Krankenkasse abonnieren. Während Facebook und YouTube in anderen Branchen längst den Kinderschuhen entwachsen sind, ignoriert rund ein Viertel der TOP-50-Krankenkassen den sozialen Trend komplett. Sie verkennen, dass sich vor allem Facebook mit rasanter Geschwindigkeit zu einem vollwertigen Kanal im Kontakt zwischen Kasse und Kunden entwickelt hat. Dabei reicht eine reine Präsenz in Social Media bei Weitem nicht aus, um die Fans zu Aktivität zu bewegen oder neue Fans zu gewinnen. Hier herrscht bei vielen Kassen Handlungsbedarf.

Die Untersuchung von 1.100 Facebook-Beiträgen von Krankenkassen in einem Gemeinschaftsprojekt von HTW und TCP ergab, dass die **Reaktionen auf die Kassenposts** innerhalb eines Jahres **um die Hälfte zurückgegangen** sind. Reagierten 2012 noch sechs von 1.000 Fans mit Likes, Shares oder Kommentaren, so sind es aktuell nur noch drei. [5]

Die Ursachen dieses dramatischen Rückgangs sind vor allem darin zu sehen, dass die Kassen nicht auf die richtigen **Themen** setzen. Mehr als 30 % der Kassenpostings haben keinen Bezug zu Krankenkassen und sind **ohne Gesundheitsrelevanz**. Obgleich gesundheitsferne Themen wie Verlosungen von Konzert- und Zootickets, Eventeinladungen sowie Alltagstipps von den Krankenkassen am häufigsten gepostet werden, ist die Resonanz bei den Usern nur unterdurchschnittlich.

Deutlich resonanzstärker erweisen sich dagegen **Beiträge zu neuen Exklusivleistungen**, die die Kassen anbieten, wie z. B. spezielle Kinder- oder Schwangerschaftsuntersuchungen, Hebammen-Rufbereitschaft oder Sportchecks sowie

Beiträge zu Gesundheit, Ernährung oder Sport. Allerdings drehen sich nicht einmal 10 % der Postings der Kassen um diese ureigenen Leistungs- und Serviceangebote für Kunden **[vgl. Abbildung 5]. [6]**

Die Analyse von fast 600 **Userposts** ergab, dass die Kunden Facebook zunehmend nutzen, um persönliche Anliegen v. a. im Zusammenhang mit der Kostenübernahme von Leistungen zu klären, um Fragen an die Krankenkasse zu stellen oder um Lob bzw. Kritik zu äußern.

Auffällig ist, dass sich der Dialog zwischen Kunden und Krankenkasse in vielen Fällen zu einem **Dialog der Kunden untereinander** entwickelt. Da vor allem Kritik und Unzufriedenheit infolge abgelehnter Leistungsanträge der Kunden leicht an Eigendynamik gewinnen können, stehen die Facebookteams der Kassen vor der Herausforderung, innerhalb kürzester Zeit professionell zu reagieren. Das gelingt den Kassen bislang mehr oder weniger gut. So schwankt die Antwortqualität zwischen vollständiger Ignoranz eines angedrohten Kassenwechsels sowie emotionslosen Standardfloskeln einerseits und dem ehrlichen Bemühen andererseits, eine maßgeschneiderte Lösung für das Kundenproblem zu finden. **[7]**

Die Kunden wollen via Facebook schneller gehört werden als über die Hotline oder per E-Mail, und zwar ohne Abstriche bei der Fachkompetenz. Daher stehen die Kassen vor der Herausforderung, nicht nur extrem zeitnah zu reagieren, sondern auch die **Prozessabläufe** für die Bearbeitung der Kundenanliegen neu zu organisieren. Lob und Kritik erfolgen direkt und müssen direkt beantwortet werden und was zählt, ist der **hierarchielose Dialog**.

3.2 Youtube und die Macht der bewegten Bilder
für die Gesundheitskommunikation

Obwohl **Videos** aktuell im Trend liegen, sind nur 42% der TOP 50 Krankenkassen auf YouTube mit einem eigenen Kanal vertreten. Die Anzahl der hochgeladenen Videos schwankt pro Kanal zwischen 140 und zwei. Bei 30% der YouTube-präsenten Kassen ist der Kanal inaktiv und hat im gesamten Jahr 2013 keinen einzigen Upload zu verzeichnen. Hier sind Sinn und Nutzwert des YouTube-Engagements für die Kunden fraglich. **[8]**

Die Macht der bewegten Bilder wird von den Krankenkassen systematisch unterschätzt. Mit Ausnahme der Krankenkassen „BIG direkt gesund" und „Techniker Krankenkasse" präsentieren sich auf YouTube fast alle Kassen **konzeptionslos und altbacken** mit langweiligen Imagefilmen, Interviewmitschnitten im 70er-Jahre-Stil oder einem wirren Themenmix. Die Chance, durch *interaktives* **Storytelling** den häufig komplexen Gesundheitscontent leicht verständlich an ein breites Zielpublikum zu bringen, wird nur rudimentär genutzt.

Für die Kassen ist die Experimentierphase vorbei, in der Facebook als Gimmick oder Anhängsel der Marketingabteilung betrieben wird und YouTube ein Schattendasein fristet. Social Media ist eine **Querschnittsdisziplin**, die das gesamte Unternehmen Krankenkasse durchzieht.

[6] Vgl. TCP, Social Media Marketing GKV, 2013, S. 17; 25; 46–49.

[7] Vgl. TCP, Social Media Marketing GKV, 2013, S. 83–100.

[8]] Vgl. TCP, Social Media Marketing GKV 2013, S. 25; 118–119.

Quelle: www.terraconsult.de

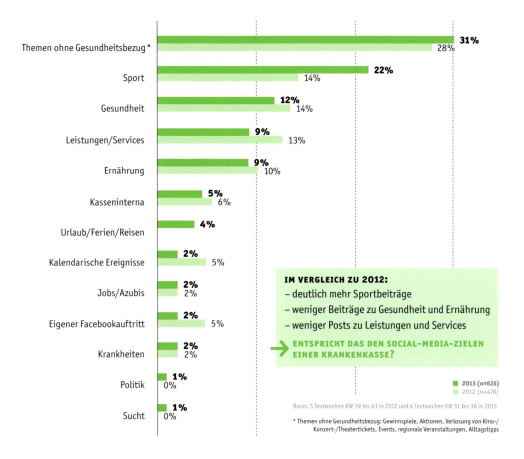

Abbildung 5: Themen der auf Facebook geposteten Kassenbeiträge

Im Vergleich zu 2012 Legende innerhalb Grafik:

IM VERGLEICH ZU 2012:
– deutlich mehr Sportbeiträge
– weniger Beiträge zu Gesundheit und Ernährung
– weniger Posts zu Leistungen und Services

→ ENTSPRICHT DAS DEN SOCIAL-MEDIA-ZIELEN
EINER KRANKENKASSE?

■ 2013 (n=626)
■ 2012 (n=478)

Basis: 5 Testwochen KW 39 bis 43 in 2012 und 6 Testwochen KW 31 bis 36 in 2013

* Themen ohne Gesundheitsbezug: Gewinnspiele, Aktionen, Verlosung von Kino-/
Konzert-/Theatertickets, Events, regionale Veranstaltungen, Alltagstipps

4. FAZIT

Durch eine **glaubwürdige und authentische Gesundheitskommunikation**, die auf Augenhöhe geführt wird, können sich Krankenkassen als kompetente Gesundheitsdienstleister empfehlen. Erfolgsentscheidend ist dabei, inwiefern es den Kassen einerseits gelingt, an allen Kontaktpunkten eine gleichbleibend hohe Qualität zu bieten, und andererseits die Kanäle und Inhalte so intelligent zu vernetzen, dass den Kunden an jeder Stelle des Kommunikationsprozesses ein besonderer **Nutzen für das Gesundbleiben und Gesundwerden** entsteht. Die im Artikel exemplarisch dargestellten Studienergebnisse zu den Kundenzeitschriften und zu den Social-Media-Aktivitäten der Krankenkassen haben hierzu einen **wichtigen Praxisbeitrag** geleistet.

Seit 2007 besteht eine Kooperation zwischen der HTW Berlin und der auf Marketing und Strategie im Gesundheitswesen spezialisierten TCP Terra Consulting Partners GmbH. Im Rahmen dieser Kooperation wurde unter Mitwirkung von HTW-Studierenden ein strukturierter Untersuchungsansatz für die Analyse der

Kundenkontaktkanäle von Krankenkassen entwickelt. Mit mehreren **Bachelor- und Masterarbeiten** sowie verschiedenen **Datamining-Projekten** konnte eine sachtheoretisch und empirisch fundierte Bewertungs- und Faktenbasis zu den einzelnen Kundentouchpoints gewonnen werden. Auf der Grundlage der Projektergebnisse etablierte TCP eine regelmäßig erscheinende **Studienreihe**, die von den Krankenkassen als Controllinginstrument, als Handlungsleitfaden sowie als Ideengeber für Verbesserungen genutzt wird. Für die Studierenden konnte eine Kooperation geschaffen werden, die **Lehre und Forschung praxisbegleitend und zukunftsweisend** ausrichtet.

Literaturverzeichnis

Dittrich, Matthias (2006): Customer Relationship Management bei gesetzlichen Krankenkassen, Bachelorarbeit, HTW Berlin.

Föhse, Kathrin (2009): Mitgliederzeitschriften der gesetzlichen Krankenkassen- Erfolgreich genutztes Instrument der Unternehmenskommunikation?, Diplomarbeit, HTW Berlin.

Huss, Torsten/Milge, Anton/Schalhorn, Janet (2013): Kundenmagazine gesetzlicher Krankenkassen und ihre Bedeutung bei den Versicherten. Abschlussbericht Projektseminar „Data Mining – statistische Verfahren", Masterstudiengang Wirtschaftsinformatik,HTW Berlin, Sommersemester 2013.

Kuschk, Ilka (2012): Aktivitäten und Entwicklungspotenziale der gesetzlichen Krankenkassen im Social Media Marketing, Masterthesis, HTW Berlin.

Martin, Charles-Andrè (2011): Kundenbindung und integrierte Kommunikation anhand der Analyse und Bewertung von E-Mail-Newslettern bei gesetzlichen Krankenversicherungen, Diplomarbeit, HTW Berlin.

TCP GmbH (2013): Nutzung, Akzeptanz, Themenprofil und Wirkung von GKV-Kundenzeitschriften. Repräsentative Leserbefragung mit Tipps für Titelprofilierung und Kundendialog: Was müssen GKV-Kundenmagazine künftig leisten?, Berlin, 27.02.2013.

TCP GmbH (2012): Social Media Marketing in der GKV 2012. Marktüberblick und Handbuch für „Macher". Wie Krankenkassen den Kommunikationskanal Social Media effektiv erschließen können, Berlin, 12.04.2012.

TCP GmbH (2013): Social Media Marketing GKV 2013. Was machen Krankenkassen in Social Media? Dos, Don'ts und Trends für die Kanäle Facebook und YouTube, Berlin, 01.12.2013.

TCP GmbH (2013): Test GKV-Kundenzeitschriften 2013. Aktuelle Rankings und Vorjahresvergleiche, Berlin, 08.03.2013.

KRANKI
VERSOR
& PFLEG
MANAGI

NHAUS-
GUNG
E-
EMENT

EINFLUSS VON ZERTIFIZIERUNGEN AUF DIE ERGEBNIS-QUALITÄT VON MEDIZINISCHEN KOMPETENZZENTREN

Karin Wagner | Daniel Stoeff

1. MEDIZINISCHE KOMPETENZZENTREN

Eine ganzheitliche Versorgung der Patienten in medizinischen Kompetenzzentren rückt immer mehr in den Mittelpunkt eines Krankenhauses, um eine effiziente Behandlung auf hohem Qualitätsniveau sicherzustellen. Neben dem Modell der Integrierten Versorgung und der Einrichtung von medizinischen Versorgungszentren ist auch in den Krankenhäusern ein Trend zu interdisziplinären Kompetenzzentren zu beobachten, in denen mehrere medizinische Fakultäten unabhängig von ihren eigenen fachbezogenen Interessen den Patienten organbezogen behandeln. Beispiele sind das Darmzentrum (Zusammenarbeit der Allgemeinchirurgie, Gastroenterologie und Onkologie) oder das Brustzentrum (Zusammenarbeit der Gynäkologie/Frauenheilkunde und der Onkologie). Durch die Verbesserung der Abläufe, der strukturierten Koordination sowie die Vermeidung von Schnittstellenverlusten kann sich eine wesentliche Effizienzsteigerung in den Zentren ergeben. Die damit gestiegene Qualität in der Behandlung kommt insbesondere dem Patienten zugute.

2. DIE ZERTIFIZIERUNG VON MEDIZINISCHEN KOMPETENZZENTREN

Die Frage nach der Notwendigkeit einer Zertifizierung eines Zentrums muss entsprechend der jeweiligen Interessenslage des Zentrums entschieden werden. Dabei kommt es bei der Zertifizierung nicht nur auf die formelle Umsetzung der geforderten Organisationsstruktur und Dokumentation an, sondern es geht vor allem darum, wie das System in der täglichen Praxis angewendet wird, damit ein sichtbarer und messbarer Vorteil für die Patienten erreicht wird. Die medizinische Behandlung bleibt in erster Linie von den fachlichen Kompetenzen und Erfahrungen des behandelnden Arztes abhängig. Häufig berichten die Leiter von nicht-zertifizierten Kompetenzzentren, dass eine hohe Qualität auch ohne eine Zertifizierung erreicht wird.

3. DIE LETALITÄT ALS KENNZAHL DER ERGEBNISQUALITÄT

Sind Zertifizierungen eine Modeerscheinung, die sich im Rahmen der gesetzlich geforderten Qualitätssicherung etabliert hat oder tatsächlich ein Prädikat für eine qualitativ hochwertigere medizinische Versorgung? Es muss kritisch angemerkt werden, dass die Sterblichkeit (Letalität) als Kennzahl der Ergebnisqualität nur auf Basis des Entlassungsgrundes der zur Verfügung gestellten Routinedaten erfolgt. Die Sterblichkeit nach dem Klinikaufenthalt wird nicht berücksichtigt. Das bedeutet, dass Kliniken mit einem guten Entlassungsmanagement in Verbindung mit einer ständigen Verkürzung der Verweildauern möglicherweise in den Auswertungen besser abschneiden.

4. INITIATIVE QUALITÄTSMEDIZIN

Die jährlich veröffentlichten Qualitätsreporte im Rahmen der gesetzlich vorgeschriebenen externen Qualitätssicherung sind einer breiten Öffentlichkeit zugänglich und umfassen alle Krankenhäuser. Jedoch erfolgt die Auswertung der Qualitätsergebnisse nur zusammengefasst und anonymisiert. Sie lassen somit keine Rückschlüsse auf die medizinische Leistung einzelner Krankenhäuser zu.

Die Initiative Qualitätsmedizin (IQM, auf deren Daten sich der Beitrag bezieht) ist ein freiwilliger träger- und fachübergreifender Zusammenschluss von deutschen, österreichischen und schweizerischen Krankenhäusern zur Qualitätssicherung, der die Qualitätsergebnisse – die Sterblichkeitsraten – der einzelnen Mitgliedskrankenhäuser veröffentlicht. Die Untersuchung konzentriert sich exemplarisch auf Darm-, Prostata- und Gefäßzentren. Betrachtet werden dabei alle ausgewählten Zentren der Mitgliedskrankenhäuser der Initiative Qualitätsmedizin (IQM), welche im Jahr 2008 gegründet wurde. **[1]**

5. EINFLUSSANALYSE VON ZERTIFIZIERUNGEN AUF DIE ERGEBNISQUALITÄT

Wie erfolgreich QM-Systeme in Hinblick auf den Behandlungserfolg sind, ist für den Patienten schwer messbar. Daher bieten Zertifizierungen dem Patienten oftmals eine Orientierungshilfe bei der Wahl des behandelnden Krankenhauses. Doch sind Rückschlüsse auf eine bessere Behandlungsqualität wirklich legitim? Bisher gibt es keine Untersuchungen, die das nachweisen. Mit der Gründung der IQM ist es jedoch möglich, Einblick in Behandlungsergebnisse zu bekommen.

5.1 Datenerfassung

Medizinische Kompetenzzentren versprechen dem Patienten eine besonders hohe Behandlungsqualität und können unabhängig vom Krankenhaus zertifiziert sein. Daher stehen diese im Fokus der Betrachtung. Die Datenerfassung zur Zertifizierung erfolgte mittels telefonischer Kontaktaufnahme mit den verantwortlichen Mitarbeitern der Zentren und eines standardisierten Fragebogens. Die Sterblichkeitsrate, sprich die Anzahl der Todesfälle in Bezug auf die Anzahl der Fälle, ist der Homepage der IQM unter den Qualitätsergebnissen der jeweiligen Mitgliedskrankenhäuser zu entnehmen. Dabei ist jeweils der Durchschnitt aller relevanten Qualitätsindikatoren für ein Zentrum pro Falljahr maßgebend und somit erfolgt keine Differenzierung der Krankheitsbilder in einem Zentrum. Im Idealfall haben die Krankenhäuser ihre Ergebnisse bereits für drei Jahre – 2009, 2010, 2011 – veröffentlicht, d. h. alle drei Falljahre fließen in die Analyse mit ein.

[1] veröffentlichte IQM-Qualitätsindikatoren der Initiative Qualitätsmedizin e.V. aus den Jahren 2009 bis 2012 *(http://www.initiative-qualitaetsmedizin.de/ qualitatsmethodik/ qualitatsergebnisse)*

	ZERTIFIZIERUNG DES ZENTRUMS		GESAMT
	Nein	Ja	
DARMZENTRUM	22	29	51
PROSTATAZENTRUM	10	18	28
GEFÄSSZENTRUM	32	14	46
GESAMT	64	61	125

Abbildung 1: Statistische Grundgesamtheit

Die **Abbildung 1** veranschaulicht die statistische Grundgesamtheit. Im Rahmen der telefonischen Befragung wurden von insgesamt 119 befragten Krankenhäusern 125 Zentren erfasst, davon 51 Darmzentren, 28 Prostatazentren und 46 Gefäßzentren. 15 haben keine gültige Antwort gegeben. Dabei ist das Verhältnis der gültigen Antworten der zertifizierten und nicht-zertifizierten Zentren relativ ausgewogen. 51,2 % sind aktuell zertifiziert und 48,8 % sind nicht zertifiziert. Wobei eine weitere Häufigkeitsanalyse ergeben hat, dass 16 der nicht-zertifizierten Zentren eine Zertifizierung beabsichtigen, 33 Zentren planen keine Zertifizierung.

5.2 Deskriptive Datenanalyse – Darmzentrum

Eine Betrachtung aller Darmzentren über die Dauer von drei Jahren zeigt, dass die Sterblichkeitsrate im Durchschnitt bei 7,8 % liegt und eine Streuung von durchschnittlich 3,75 Prozentpunkten aufweist. Filtert man die Daten nach zertifizierten Zentren, liegt die Sterblichkeitsrate nunmehr bei 7,54 % und weist nur eine Standardabweichung von 3,5 Prozentpunkten auf. Das bedeutet ein geringfügig besseres Ergebnis als in der Gesamtbetrachtung. Interessant ist das Resultat der nicht-zertifizierten Zentren. Diese verursachen über die drei Betrachtungszeiträume eine durchschnittliche Sterblichkeitsrate von 8,11 % und eine Standardabweichung von 4,05 Prozentpunkten. Damit ist die Sterblichkeitsrate der nicht-zertifizierten Zentren um 0,57 Prozentpunkte höher als die der zertifizierten. Folglich ist ein Zusammenhang zwischen Behandlungserfolg, gemessen anhand der Sterblichkeitsrate, und der Zertifizierung nicht zu ver-

STERBLICHKEITSRATE IN %

■ alle Zentren
■ zertifizierte Zentren
■ nicht-zertifizierte Zentren

FALLJAHRE

Abbildung 2: Sterblichkeitsraten der Darmzentren

Quelle: TQM, eigene Darstellung

STERBLICHKEITSRATE IN %

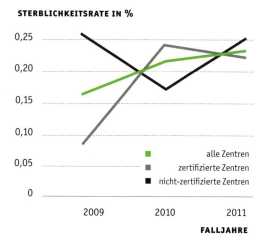

Abbildung 3: Sterblichkeitsraten der Prostatazentren

STERBLICHKEITSRATE IN %

Abbildung 4: Sterblichkeitsraten der Gefäßzentren

werfen. Auch die Streuung, sprich das durchschnittliche Ausmaß der Abweichung der einzelnen Merkmalswerte von ihrem arithmetischen Mittel, ist um 0,55 Prozentpunkte höher als die Streuung der zertifizierten Zentren. So kann die geringere Streuung der zertifizierten Zentren in allen Betrachtungsjahren auch als Indiz einer konstanteren Leistung beurteilt werden, während nicht-zertifizierte Zentren möglicherweise aufgrund fehlender fester Prozessstrukturen eher eine höhere Streuung aufweisen.

5.3 Deskriptive Datenanalyse – Prostatazentrum

Die statistische Grundgesamtheit umfasst 28 Prostatazentren, von denen 18 zertifiziert und zehn nicht zertifiziert sind. Hier liegt die durchschnittliche Sterblichkeitsrate für die drei Betrachtungszeiträume aller Prostatazentren bei 0,20 Prozent und weist eine durchschnittliche Streuung von 0,32 Prozentpunkten auf. Betrachtet man nun ausschließlich die zertifizierten Zentren, ist ein besseres Ergebnis zu verzeichnen. Die durchschnittliche Sterblichkeitsrate liegt bei diesen nur bei 0,18 % mit einer Standardabweichung von 0,24 Prozentpunkten. Bei den nicht-zertifizierten Prostatazentren ist hingegen eine höhere Sterblichkeitsrate zu beobachten. Diese liegt bei 0,23 % und weist zudem auch eine höhere Streuung von 0,39 Prozentpunkten auf.

Die Ergebnisse in **Abbildung 3** zeigen aber auch auf, dass im Erhebungsjahr 2010 die nicht-zertifizierten Zentren eine geringere Sterblichkeitsrate aufweisen als die zertifizierten Zentren. Bei einer detaillierten Betrachtung ist dies auf vereinzelte „Ausreißer" im Erhebungszeitraum zurückzuführen.

5.4 Deskriptive Datenanalyse – Gefäßzentrum

Abschließend soll die Ergebnisdaten der Gefäßzentren präsentiert werden. Insgesamt wurden 46 Gefäßzentren betrachtet, 14 davon sind zertifiziert und 32 nicht. Wobei 20 der 32 Zentren keine Zertifizierung geplant haben, sechs Zentren eine Zertifizierung beabsichtigen und weitere sechs Zentren keine Auskunft geben konnten.

Die durchschnittliche Sterblichkeitsrate aller betrachteten Gefäßzentren über die drei Falljahre liegt bei 6,26 % mit einer durchschnittlichen Streuung von 6,32 Prozentpunkten. Zertifizierte Zentren hingegen weisen eine Sterblichkeitsrate von 4,75 % und eine Streuung von nur 2,7 Prozentpunkten auf. Die 32 nicht-zertifizierten Zentren haben eine durchschnittliche Sterblichkeitsrate von 6,86 % mit einer durchschnittlichen Standardabweichung von 7,12 Prozentpunkten. Damit ist eine Abweichung der Sterblichkeitsrate von 2,11 % und einer Abweichung der Streuung von 4,42 Prozentpunkten zwischen zertifizierten und nicht-zertifizierten Zentren zu verzeichnen.

6. RESÜMEE

Die Studie zeigt auf, dass eine Zertifizierung in einem organbezogenen Zentrum keinen statistisch signifikanten Einfluss auf die Behandlungsqualität (Kennzahl: Letalität) hat. Insgesamt schneiden die zertifizierten Zentren leicht besser ab. Interessanterweise verbesserten sich im Zeitverlauf aber auch die nicht-zertifizierten Zentren. Grund dafür kann das steigende Qualitätsbewusstsein der Mitarbeiter sein. So werden unabhängig einer Zertifizierung interne Richtlinien festgelegt und Standards zum Wohl der Patientenversorgung erarbeitet.

Weiterhin ist erkennbar, dass sich immer mehr Krankenhäuser ihren Qualitätsstandard durch Zertifizierung bestätigen lassen – und das, obwohl Zertifizierungen mit einem hohen administrativen Aufwand verbunden sind, zusätzliche personelle Ressourcen binden und Kosten verursachen. Vor allem die Außendarstellung ist ein offen kommuniziertes Motiv der Zertifizierung. Zertifizierungsurkunden sind nach Erwerb als Aushängeschild in den Krankenhäusern und auf deren Internetseiten wiederzufinden. Gerade in Zeiten, in denen Informationen kostenlos und über verschiedene Kanäle zur Verfügung stehen, bedarf es Instrumente, die es ermöglichen, zu differenzieren. Für Patienten sind Zertifizierungen eine wichtige Orientierungshilfe. Sie signalisieren eine bestimmte Qualität, da die Zertifizierung die Einhaltung von Normen und fachlicher Anforderungen attestiert. Dadurch wird das Vertrauen der Patienten gewonnen.

UNTERSUCHUNG ZUR FREISETZUNG VON CHIRURGISCHEM RAUCH BEI DER HOCHFREQUENZ-CHIRURGIE IN EINER REALEN OP-UMGEBUNG

Omar Guerra-Gonzalez | Dirk Jarzyna | Frank Reichert

1. EINLEITUNG

Bei der Elektrokauterisation, bei der durch Wärmeeinwirkung Gewebe zertrennt und koaguliert wird, entstehen als unerwünschte Nebenprodukte chirurgische Rauchgase. Neben einer Sichtbehinderung für den ausführenden Operateur, ist davon auszugehen, dass der Rauch gesundheitsschädigende Auswirkungen auf das OP-Personal haben kann. Als technische Schutzmaßnahme wird eine mobile OP-Absaugung innerhalb einer turbulenzarmen Verdrängungsströmung (TAV) im OP-Raum eingesetzt.

2. ZIELSTELLUNG

Der HTW-OP ist hygiene-technisch nach DIN 1946-4 abgenommen und hat bezüglich der strömungstechnischen Schutzzone die Schutzwirkung „exzellent" erreicht. Der OP-Raum stellt die reproduzierbar konstant gehaltene Arbeitsraumumgebung dar. Während der Rauchgasgenerierung arbeitete der HTW-OP mit einer turbulenzarmen Verdrängungsströmung aus dem Deckenbereich und einer bodennahen Abluftabsaugung über die vier Raumecken.

In dieser realen OP-Umgebung soll mit Hilfe von Schweineschwarte als „Ersatzgewebe" und einem HF-Chirurgiegerät chirurgischer Rauch gleichartig erzeugt und mit geeigneten Probenahmevorrichtungen an der Entstehungsstelle sowie vor und hinter dem Absauggerät entnommen und analysiert werden. Die Auswertung ergibt wichtige Informationen über die Rauchzusammensetzung und die Abscheideleistung der in der OP-Absaugung befindlichen Rauchfilterkassette.

Darüber hinaus werden im Rahmen dieser Arbeit Zusammenhänge zwischen Filtermedienstruktur und den erreichbaren Leistungskennzahlen (Effizienz, Durchbruchsverhalten, Druckverlust, Gesamtfilterkapazität) für zwei verschiedene adsorptive Filtermedien untersucht.

Abbildung 1-3: © HTW-OP (eigene Abbildung)

Abbildung 1: Erzeugung und Erfassung des chirurgischen Rauches oberhalb des OP-Bettes

Abbildung 2: Draufsicht auf die Rauchfilterkassette, Einströmseite unten, in Durchströmrichtung – Partikelfilter (weiß) und Aktivkohlegranulat (schwarz)

Abbildung 3: Detailansicht des Aktivkohlegranulats innerhalb der Filterkassette

3. VERSUCHSAUFBAU

Der Rauch wird oberhalb des OP-Bettes freigesetzt und mit der skalpellnahen Absaugsonde erfasst **[Abbildung 1]**. Die OP-Absaugung wurde anström- und abströmseitig mit Vorrichtungen versehen, mit denen es möglich ist, eine Teilstromentnahme vor und hinter dem Absauggerät zu entnehmen.

Die Teilströme wurden dann jeweils mit angeschlossenen Probenahme- oder Analysengeräten verwertet. Während der Rauchfreisetzung befand sich der OP-Saal im regulären OP-Betrieb mit konstanter Zulufttemperatur (20 °C) und konstanter Luftumströmungsgeschwindigkeit (0,39 m/s) um das OP-Bett. Die OP-Absaugung reinigt die angesaugte Luft mit einer Filterkassette **[Abbildung 2]**, die einen Schwebstofffilter zur Partikelabscheidung und einen adsorptiven Filter zur Schadgasabtrennung nutzt. Einströmseitig befindet sich ein Vorfilter und abströmseitig ein Nachfilter. Es standen zwei Filterkassetten zur Verfügung, die sich nur im adsorptiven Filterteil unterschieden. Variante 1 ist mit nicht imprägniertem Aktivkohlegranulat (entsprechend dem Stand der Technik, **[Abbildung 3]** und Variante 2 mit Aktivkohleschaum (modifizierte Filterkassette) **[Abbildung 4]** gefüllt.

Alle Messungen wurden auch ohne Rauchentwicklung durchgeführt, um die jeweiligen Hintergrundkonzentrationen der Messumgebung zu bestimmen.

4. VERSUCHSDURCHFÜHRUNG

Es wurde mit zwei unterschiedlichen Messstrategien gearbeitet. Zum einen mit einer direkt anzeigenden Onlinemesstechnik und direkter Messwertausgabe, und zum anderen mit einer diskontinuierlichen Probenahme über ein Speichermedium und späterer instrumenteller Auswertung im Labor. Die im Rahmen dieser Arbeit untersuchten Schaumfilter sind offenzellige Schäume, die mit sphärischen Adsorbenzien und Aktivkomponenten ausgerüstet

sind. Sie erlauben die Kombination aus niedrigem Druckverlust und hoher Gasfiltrationskapazität. Die hier eingesetzten Schäume wurden mit Adsorbenzien ausgerüstet, die zwei unterschiedliche Imprägnierungen aufweisen, um zwei Filtrationsspektren zu decken.

5. MESSMETHODEN UND ANALYSEN

Chirurgischer Rauch besteht aus Wasserdampf, partikulären Schadstoffen, anorganischen Gasen, organischen Gasen und biologischen Schadstoffen. Die Analysen konzentrierten sich auf ultrafeine Partikel, Mikropartikel, anorganische Gase, organische Gase und gesamtorganischen Kohlenstoff. Die instrumentellen Leitmethoden waren für die Partikelgrößenbestimmung FMPS und OAS, für ultrafeine und feine Partikel. Für die Dämpfe wurden die Leitmethoden FTIR, FID, IC, Thermo-GC-MS und Gasprüfröhrchen eingesetzt.

Abbildung 4: Detailansicht des alternativen Aktivkohleschaums der modifizierten Filterkassette als Ersatz für das Aktivkohlegranulat

6. MESSERGEBNISSE

Mithilfe dieser umfangreichen Analytik war es möglich sowohl qualitative als auch quantitative Aussagen zu den Inhaltstoffen von chirurgischem Rauch zu ermitteln. Ferner konnte die Abscheideleistung der Filterkassetten in dem mobilen Absauggerät gegenüber Partikeln und Dämpfen bestimmt werden. Beide Filterkassetten unterscheiden sich nur durch die sorptive Filterstufe. Der Partikelfilter aus Mikroglasfaservlies erwies sich erwarteter Weise als hochwirksam gegen einen weiten Bereich von Partikelgrößen zwischen 6 und 1000 nm. Große Unterschiede zeigten sich jedoch bei der Gasabscheidung zwischen dem nicht imprägnierten Aktivkohlegranulat und der imprägnierten Schaumausführung.

Die auf der nächsten Seite folgende Tabelle **[Abbildung 5]** zeigt, dass die Filtermaterialien relevante Abscheidegrade gegen organische Gase aufweisen. Die Granulatausführung zeigte jedoch deutlich niedrigere Filtrationsleistungen gegenüber sauren und basischen Gasen. Dieses Ergebnis wurde im Labor mit Hilfe der Einzelstoffsubstanzen Schwefelwasserstoff (sauer), Ammoniak (basisch)und Cyclohexan (organisches Gas) verifiziert.

AUSZUG ANALYT [Stoff]	Aktivkohlegranulat			Aktivkohleschaum		
	Rohgas [ppm]	Reingas [ppm]	η [%]	Rohgas [ppm]	Reingas [ppm]	η [%]
SALZSÄURE	670	320	52,24	670	n.n	> 99,99
AMMONIAK	50	6,3	87,40	50	n.n	> 99,99
KOHLENSTOFFDIOXID	800	360	55,00	800	360	55,00
KOHLENSTOFFMONOXID	66	3,5	94,70	66	5	92,42
BLAUSÄURE	270	100	62,96	270	n.n	> 99,99
BENZOL	40	35	12,50	40	n.n	> 99,99
ETHYLBENZOL	14	12	14,29	14	n.n	> 99,99
METHYLCHLORID	140	81	42,14	140	n.n	> 99,99
BUTANOL	200	42	79,00	200	n.n	> 99,99

Abbildung 5: Gegenüberstellung der Abscheidegrade zwischen der Filterkassette mit Aktivkohle-granulat und der modifizierten Filterkassette mit Aktivkohleschaum

Abbildung 6 zeigt die Druckverluste der verschiedenen Filtervarianten. Die Druckdifferenzen am Partikelfilter steigen im betrachteten Arbeitsbereich annähernd linear mit dem Volumenstrom. Die Druckdifferenzen über dem jeweiligen Gasfilter steigen annähernd quadratisch mit dem Volumenstrom. Bei den Gasfiltern ergeben sich sehr große Unterschiede im Druckverlust, je nach eingesetztem Filtermaterial. Der Druckverlust am Gasfilter ist beim Aktivkohlegranulat ca. dreimal so hoch wie der mit den Schaumfiltermaterialien.

Der Erfassungsgrad der Absaugvorrichtung erwies sich auch bei maximaler Gebläseleistung als zu gering, um starke Rauchentwicklungen zu unterbinden. Nicht erfasster Rauch stieg jedoch nie gegen die Strömungsrichtung der Raumluftströmung in den Atembereich des Operateurs auf.

7. FAZIT

Die Messergebnisse führen zu einer grundsätzlichen Funktionseinstufung durch Vergleich der eingebauten Filterkassetten. Eine grundsätzliche Funktion beider Aktivkohleausführungen konnte nachgewiesen werden, wobei die Schaumvariante deutlich im Vorteil ist. Da kein chirurgischer Rauch trotz starker Thermik gegen den Differenzialflow der Raumbelüftung aufsteigen konnte, wurde auch die sinnvolle Verdrängungswirkung der TAV nachgewiesen. Eine Kombination aus turbulenzarmer Verdrängungsströmung im Raum und einer mobilen OP-Absaugung ist grundsätzlich ein guter Schutz des Operateurs vor chirurgischen Rauchgasen.

Allerdings zeigte die Studie auch zahlreiche Ansätze auf, an denen eine deutliche Leistungsverbesserung durch gerätekonstruktive Maßnahmen sowie durch eine modifizierte Filtertechnik erzielbar ist.

8. AUSBLICK

In zukünftigen Experimenten sollen die Funktionsweise und die Wirksamkeit von unterschiedlich ausgerüsteten sorptiven Schäumen in der Filterkassette untersucht werden.

Die Verbreitung des Rauches wird von den Strömungsverhältnissen der Umgebung stark beeinflusst. Die Raucherfassung wird durch die verdrängende Raumluftströmung so eingeschränkt, dass ein größerer Teil des entstehenden Rauches nicht in der OP-Absaugung filtriert werden kann.

Deshalb besteht eine Maßnahme darin, den Absaugvolumenstrom zu erhöhen. Unter Berücksichtigung des einzuhaltenden Geräuschpegels muss gewährleistet werden, dass keine größere Gebläseleistung benötigt wird. Eine Optimierungsmöglichkeit für die Absaugung ergibt sich durch den Einsatz von Filtermedien mit vermindertem Strömungswiderstand. In zukünftigen Arbeiten sollen verschiedene Filtermedien, auch auf ihren Strömungswiderstand hin untersucht werden.

(eigene Abbildung)

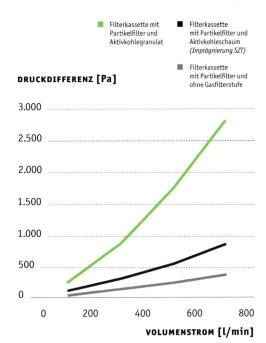

Abbildung 6: Druckdifferenzen der verschiedenen Filtermaterialien in Abhängigkeit vom Volumenstrom

Literaturverzeichnis

Reichert, F. „Klimaanlagen-Luftfilter unter der Lupe", Spektrum Gebäudetechnik, Robe Verlag AG, Küttigen/Schweiz, 2006

Reichert, F. „Ein ultraflexibler Operationssaal", Innotech 04/2011, Berlin, 2011

Reichert, F. „Hygienetechnische Abnahme von 1A-OP-Sälen mit deckenintegrierter Umluft", Jahrbuch TG Technik im Gesundheitswesen 2012/2013, S. 337–346, FKT Verlag Fachvereinigung Krankenhaustechnik e.V., Baden Baden, 2011

Reichert, F. „Moderne Luftfilter in RLT-Anlagen zur Filterung krankenhausspezifischer Zuluft", Fortbildungsveranstaltung Fachvereinigung Krankenhaustechnik e.V., Gladbeck, 2006

Jahn, R., Flach, N., Döge, N. „Studie: Minderungstechniken gegenüber chirurgischer Rauch am Beispiel eines OP's mit deckenintegrierter Umluft", Projektarbeit – Life Science Engineering, HTW Berlin 2012

Kleeblatt, J., Kokot, K., Rosenau, D., Schulze, L., Sykow, E. „Funktionsprüfung einer OP-Absaugung für chirurgischen Rauch", Projektarbeit – Life Science Engineering, HTW Berlin 2013

Dix, L., Urbansky, N., Falke, O., Steinmetz; R. „Untersuchung der Leistungsfähigkeit einer mobilen OP-Absaugung, gegenüber chirurgischen Rauch, mit Hilfe analytischer Messverfahren", Projektarbeit – Life Science Engineering, HTW Berlin 2014

FINDEN HÄUSLICHE PFLEGEDIENSTE IHREN WEG IN DIE LANGLEBIGE ZUKUNFT?

—

Von der Situationsanalyse zur Maßnahmenentwicklung

Vjenka Garms-Homolová | Jana Gampe | Jacqueline Schoen | Philipp Peusch | Gernold Frank

PROBLEMHINTERGRUND UND ZIELE

Prognosen zur Entwicklung des Pflegebedarfs sind eindeutig: Er wird– trotz positiver Entwicklungen der Gesundheit älterer Bevölkerung [Mor, 2005] – in jedem Falle steigen [Rothgang et al., 2012]. Mit der Zunahme alter Population, insbesondere der Hochaltrigen über 85 Jahre, vergrößert sich der Anteil der Menschen, die chronisch krank und funktional beeinträchtigt sind, sodass sie medizinisch orientierte Pflegeleistungen und Hilfen bei der Alltagsbewältigung sowie Selbstpflege benötigen. Die Prävalenz der Pflegebedürftigkeit beträgt in der Gruppe der 85- bis 89-jährigen 37,2 %, bei den 90-jährigen und Älteren 62 %; bei den „jungen Alten" im Alter von 65 bis 70 Jahren macht sie nur 2,6 % aus [Sachverständigenkommission, 2010].

Die Kapazitäten und das Angebotsspektrum der ambulanten Pflege müssen ausgebaut werden. Umfragen zeigen, dass alte Menschen in privaten Wohnungen, nicht in stationären Einrichtungen, gepflegt werden wollen [Garms-Homolová & Theiss, 2007]. Auch politisch hat die häusliche Versorgung überall in Europa eine Priorität vor anderen Versorgungsformen [Genet et al., 2013], weil sie im Vergleich zur stationären Versorgung für kostengünstiger gehalten wird. In Deutschland tragen zudem die Entwicklungen im Krankenhaussektor zur steigenden Nachfrage nach ambulanten Pflegeleistungen bei. Seit Jahren verkürzt sich die Verweildauer, was auch für sehr alte Patient/innen gilt [Saß et al., 2009]. Die ambulante Pflege ist trotzdem die einzige nennenswerte Einrichtung der „postakuten Versorgung", die früh entlassene Patient/innen auffangen und versorgen kann. Somit verlagert sich ein Teil spezialisierter Pflegemaßnahmen (z.B. Versorgung postoperativer Patient/innen, Überwachung, Beatmung) „nach Hause". Der „quantitative" Pflegebedarf und die qualitativen Anforderungen steigen auch deshalb, weil die zunehmend wichtige „Gesundheitsförderung und Prävention im höchsten Alter" ohne fachliche Begleitung (der Pflege) nicht gut funktionieren [Garms-Homolová, 2008]. Und schließlich steigt der „Pflegezeitbedarf", zumal Menschen mit kognitiven Einschränkungen und damit oft verbundenen Verhaltensauffälligkeiten, die bei demenziell Erkrankten hoch prävalent sind, nicht über mehrere Stunden allein gelassen werden dürfen.

Der Ausbau der ambulanten Pflegeunternehmen sowie einzelner Leistungen stößt in vielen Regionen an Grenzen, die durch den Arbeitsmarkt vorgegeben sind. Vielerorts mangelt es an qualifizierten Mitarbeiter/innen, die gewillt und in der Lage sind, im ambulanten Pflegebereich zu arbeiten. Eine Besserung ist unwahrscheinlich [Hasselhorn et al., 2005], trotz verstärkter Anwerbeversuche im Ausland, über die in Medien täglich berichtet wird. Auch das Reservoir an Helfer/innen könnte bald versiegen.

Wenn sich der Wettbewerb um Arbeitskräfte in allen Branchen verschärft, droht dem kleinen Unternehmen „häuslicher Pflegedienst" die Gefahr, diesen Wettbewerb zu verlieren. Die ambulanten Pflegedienste als Kleinunternehmen mit durchschnittlich 47 Beschäftigten (Statistisches Bundesamt, 2013) können sich kaum professionelles Personalmanagement leisten. Sie verfügen nur ausnahmsweise über Kompetenzen des Personalmarketings und der Personalentwicklung. Dabei finden sie am Arbeitsmarkt überwiegend die Arbeitskräfte, die jedes Personalmanagement vor große Herausforderungen stellen. Dazu gehören: ältere Mitarbeiter/innen mit oft langfristigen Gesundheitsschäden und unzeitgemäßen Qualifikationsprofilen, Wiedereinsteiger/innen nach langen Berufsunterbrechungen, Umsteiger/innen aus anderen Branchen, die nicht freiwillig in die Pflege gehen, Mitarbeiter/innen mit Migrationshintergrund ohne deutsche Sprachkenntnisse, Personen im „Übergang und Wartestand", die auf einen Studien-/Ausbildungsplatz oder neue berufliche Gelegenheiten warten und zwischenzeitlich in der häuslichen Pflege jobben.

Ein zielgerichtetes Vorgehen soll den Pflegeunternehmen zeigen, wie sie von Lösungen der Managementlehre und Organisationspsychologie profitieren könnten, wenn Ziele und Maßnahmen der Personalentwicklung an ihren konkreten Nöten und Vorhaben aufbauen. Das Projekt „PflegeLanG" (**P**flege in der **lan**gelebigen **G**esellschaft – Gampe et al. 2013) war ein Versuch [1], Prinzipien des Personalmanagement den Gegebenheiten der Praxis anzupassen. Dabei standen die Gewinnung, Bindung und Förderung von Mitarbeiter/innen im Zentrum, um trotz der Verknappung

[1] Beteiligt waren die Alice Salomon Hochschule (Projektleitung Prof. Dr. Vjenka Garms-Homolová) und die Hochschule für Technik und Wirtschaft (Projektleitung Prof. Dr. Gernold Frank) sowie Praxiseinrichtungen. Förderung: IFAF Berlin.

qualifizierter Pflegekräfte die Mitarbeiter/innen zu finden und so zu fördern, dass eine akzeptable Arbeitsqualität der häuslichen Pflege gesichert wird.

PROJEKTDESIGN UND METHODIK

Vier Annahmen stellten die Basis dar: (1) Bei einer Verknappung geeigneter Arbeitskräfte am Arbeitsmarkt steigt die Bedeutung des professionellen Personalmanagements in der ambulanten Langzeitpflege. (2) Ambulante Pflegedienste benötigen beim Aufbau des Personalmanagements eine externe Unterstützung. (3) Im Zusammenschluss könnten Pflegedienste von externem Sachverstand zum Personalmarketing und zur Personalentwicklung profitieren. (4) Je unterschiedlicher die potenziellen Arbeitskräfte sind, je niedriger deren Qualifikation ist, desto größer sind die Anforderungen an die Führungsqualität in den Pflegediensten.

Folgende Ziele sollten erreicht werden:

- Experten der Personalentwicklung und Praktiker zu vernetzten, um den Sachverstand zu bündeln sowie Wissensbestände und Erfahrungen den Pflegeanbietern optimal zugänglich zu machen
- Die Personalsituation in Pflegediensten zu analysieren, um Arbeitsbedingungen sowie Stärken/Schwächen der Führung aufzudecken **(Survey)**
- Mittels Analysen und des veröffentlichten Kenntnisstandes neue Lösungen der Personalentwicklung zu finden, in die Praxis zurück zu spiegeln **(Feedback)** und annehmbare Modelle zu erproben
- Ad Hoc Probleme der Pflegeunternehmen aufzugreifen und gemeinsam mit den Leitungskräften zu lösen **(Lernendes Unternehmen)**

Diese Ziele ließen sich mit dem „Aktionsforschungsansatzes" [Lewin, 1951] und der „Survey-Feedback-Methode" [Kauffeld, 2011] realisieren. Die Akzeptabilität der Lösungen spielte eine herausragende Rolle, da kleine Unternehmen oft Schwierigkeiten haben, Modelle anderer Unternehmen anzunehmen. Sie benötigen eine fachliche Unterstützung beim Transfer und bei der Translation der Forschungserkenntnisse.

Die **Abbildung 1** zeigt die genutzten Informationsquellen. Mit einer Literaturrecherche wurden Veröffentlichungen neuer Untersuchungen und bewährter

Abbildung 1: Design und methodisches Vorgehen des Projekts PflegeLanG

Modelle zu Personalentwicklung, Einarbeitung neuer Mitarbeiter/innen und Führung eingebracht. Mittels Befragungen wurden Daten zur Situation in den Pflegeunternehmen erhoben (n=94), wobei auf Organisationsklima, Belastungen, Zufriedenheit und Führungsstile fokussiert wurde. Standardisierte Fragebögen [Daumelang & Müskens, 2004] machten es möglich, eigene Befunde mit größeren Studien zu vergleichen. Die Befragung wurde durch Hospitationen (n=8) und Interviews mit Leitungskräften (n=6) ergänzt.

Bei der Vorstellung der Befunde in kooperierenden Pflegediensten (Feedback) wurde diskutiert, wie weit diese den Forschungsresultaten aus anderen Kontexten entsprechen [ebenda; Büssing, et al. 2006] und weshalb eventuelle Unterschiede aufgetreten sind. An Feedbackverfahren beteiligten sich vor allem leitende Mitarbeiter/innen (Geschäftsführer, Pflegedienstleitungen und Qualitätsmanager), während die Reihenmitarbeiter/innen selten einbezogen wurden.

ERGEBNISSE

Ergebnisse der Befragung zeigen ein relativ hohes Alter der Mitarbeiter/innen in kooperierenden Pflegediensten. Junge Nachwuchsmitarbeiter/innen waren unterrepräsentiert. Ein Viertel der Pflegekräfte gehörte zur Altersgruppe 41 bis 50 Jahre, jede/r zehnte Mitarbeiter/in war älter als 50 Jahre. Dementsprechend lagen die Berufsabschlüsse der meisten Mitarbeiter/innen weit zurück. Jede/r Fünfte erwarb seinen/ihren Abschluss bereits vor 37 oder mehr Jahren, und weitere 20 % vor 21 bis 36 Jahren. Zwei Drittel hatten ihre Ausbildung vor 17 und mehr Jahren, drei Viertel vor 14 oder mehr Jahren abgeschlossen. Es zeigte sich also, dass Maßnahmen zur Aktualisierung und Erhaltung der fachlichen Kompetenzen dringend angebracht sind, auch oder gerade bei den Pflegekräften, die examiniert sind und als qualifiziert gelten. Gleichzeitig wurde festgestellt, dass die Beteiligung an Qualifizierungsmaßnahmen beschränkt ist. Zwar werden viele Fortbildungen angeboten, jedoch geschieht es unplanmäßig und die Dauer sowie die Qualität der Lernangebote erscheinen vielfach zweifelhaft. Die Mitarbeiter/innen, die eine Fortbildung benötigen, werden oft nicht erreicht.

Das Niveau individueller Belastungen in der ambulanten Pflege erscheint im Vergleich zu anderen Studien niedrig bis moderat. Die meisten Pflegenden bewerteten ihre Arbeit als wichtig, interessant und verantwortungsvoll. Sie gaben an, persönliche Entfaltungsmöglichkeiten zu besitzen und weder durch die Arbeitsbedingungen, noch durch den Arbeitsplatzverlust gefährdet zu sein. Es waren Zeitprobleme, die als belastend und schwer zu lösen angesehen wurden, speziell sofern es um das Aushandeln und Einhalten von Terminen mit Patient/innen ging. Auf diesem Gebiet wurden den Befragten bisher keine Fortbildungen angeboten.

Belastungen und Probleme – sofern vorhanden – resultierten aus der Interaktion mit Patient/innen. Trotzdem erschien der Mehrheit der Befragten die eigene Arbeit als sinnvoll und als mit einer großen persönlichen Verantwortung ausgestattet zu sein. Statements „meine Arbeit ist interessant", „ich bin stolz auf meine Arbeit", sie „erfordert Einfallsreichtum" und sie „gefällt mir" wurden fast von allen – bis auf wenige Ausnahmen – bejaht. Die Mitarbeiter/innen fanden, dass sie ihren Fähigkeiten entsprechend eingesetzt sind und dass sie qualifizierte Aufgaben übernehmen können. Man kann schlussfolgern, dass praktisch alle Befragten ihre Tätigkeit und auch die Weiterentwicklungsmöglichkeiten positiv ansahen und dass sie sich keineswegs überbelastet fühlten. Entsprechend muss konstatiert werden, dass die Situation der Teilnehmer an der PflegeLanG-Studie mit der „Schwarzmalerei", die in der Öffentlichkeit und den Medien so oft verbreitet wird, nichts Gemeinsames hatte. Der in der Pflege relevante Zeitdruck manifestierte sich allein dort, wo Patiententermine ausgehandelt, koordiniert und eingehalten werden mussten. Ein Teil der befragten Pflegemitarbeiter/innen klagte über das „Multitasking". Allein der Personalwechsel und Fehlzeiten bereiteten den Befragten Sorgen im überdurchschnittlichen Maße.

Aus den identifizierten Problemen und Schwachstellen wurden in Gesprächen und Workshops mit den Pflegediensten jene herausgearbeitet und in Maßnahmen umgesetzt, die den Leitungen und den Belegschaften als lösbar erschienen. Zu den so entstandenen Maßnahmen gehören Workshops/Schulungen mit den Schwerpunkten Einarbeitung, Prozessoptimierung, Kommunikation (speziell auch mit Angehörigen und informellen Helfer/innen, jedoch auch innerhalb des Unternehmens). Erprobt wurden Lerneinheiten zu Themen „Gewinnung und Bildung von Mitarbeiter/innen", „Einarbeitung in der ambulanten Pflege", „Feedback geben" und „Zeitmanagement".

Selbst eingebracht haben die Pflegedienstleitungen das Thema „Interaktion zwischen Mitarbeiter/innen und Angehörigen", weil sie diese als Ursache von dem Belastungsempfinden betrachten. Gut 45 % der befragten Pflegekräfte führten ihren Zeitdruck auf Terminabsprachen mit Angehörigen zurück und auch die Hospitationen offenbarten, dass vor allem die Verhandlung mit Angehörigen als zeitraubend und vielfach als konfliktträchtig angesehen wird. Diese Feststellung korrespondiert mit Studien, aus denen hervorgeht, dass nur Angehörige die Interaktion mit professionell Pflegenden meist als unproblematisch betrachten, dass jedoch umgekehrt diese Interaktion von professionell Pflegenden als eine große Herausforderung erlebt wird [z. B. bei Engels & Pfeuffer, 2007]. Hinzu kommt, dass – obwohl es an Projekten und Veröffentlichungen zu der Frage, wie pflegende Angehörige unterstützt werden können, nicht (mehr) mangelt [siehe z.B. BMFSFJ, 2006] – die Möglichkeiten einer effektiven und für Angehörige wie Professionelle positiven Kooperation nur ausnahmsweise thematisiert werden [Lind, 2005]. Mitarbeiter/innen und Leitende der Pflegedienste wünschen sich, auf diese Herausforderung vorbereitet und bei deren Bewältigung begleitet zu werden.

DISKUSSION UND SCHLUSSFOLGERUNGEN

Die präsentierten Ergebnisse bestätigen, dass sich die Personalentwicklung für die „ambulanten Pflegedienste" an der Zusammensetzung der Belegschaft orientieren muss. Man hat es mit Mitarbeiter/innen zu tun, bei denen man in die Erhaltung der Arbeitskraft und Auffrischung der Qualifikation investieren muss. Der „Nachholbedarf" hinsichtlich des Erwerbs zeitgemäßer Pflegekompetenzen beziehungsweise der „Kompetenzaktualisierung" ist erheblich und kann nicht durch konventionelle Bildungsangebote gedeckt werden. Eine kontinuierliche Kompetenzentwicklung im direkten Arbeitsprozess ist angebracht – dieses Ergebnis der Analyse bestätigte sich, sobald die Maßnahmen erprobt wurden. Dabei stellten sich auch organisatorische Probleme heraus. Alle Mitarbeiter/innen der ambulanten Pflege sind im Außendienst. Sie können nicht von den Einsätzen abgezogen werden. Die in Projekt PflegeLanG angebotenen Konzepte berücksichtigten solche Probleme noch nicht ausreichend. Zwei Varianten von Schulungen wurden vorbereitet, wobei die „Face-to-Face" Seminare gut angenommen wurden, die E-Learning-Maßnahmen erst im Nachfolgeprojekt „Zukunft Pflege" entwickelt und erprobt werden.

Als positiv können folgende Aspekte des Projekts herausgestellt werden:

- Aktionsforschungsansatz mit „Survey-Feedback",
- Fokussierung auf unterschiedlich qualifizierte Mitarbeiter/innen, zum Beispiel Kräfte ohne formale Qualifikation in der Pflege, auf Ältere und Umsteiger/innen mit einem zweiten oder dritten Karriereversuch,
- Umsetzung der Prinzipien der „Personalentwicklung" in kleinen Pflegeunternehmen und
- hohe Akzeptanz diversifizierter Formen des „Face-to-face-Lernens".

Literaturverzeichnis

BMFSFJ (2006) (Hrsg.): Aktuelle Forschung und Projekte zum Thema Demenz. Berlin, www.bmfsfj.de, September 2006

Büssing, A.; Glaser, J.; Höge, T. (2006): Das Belastungsscreening TAA – Ambulante Pflege: Manual und Materialien (Schriftenreihe der Bundesanstalt für Arbeitsschutz und Arbeitsmedizin, S. 83). Bremerhaven: Wirtschaftsverlag NW

Daumelang, K.; Müskens, W. (2004): Fragebogen zur Erfassung des Organisationsklimas (FEO). Handanweisung. Göttingen: Hogrefe

Engels, D.; Pfeuffer, F. (2007): Die Einbeziehung von Angehörigen und Freiwilligen in die Pflege und Betreuung in Einrichtungen. Untersuchung des Instituts für Sozialforschung und Gesellschaftspolitik e.V. Köln: Otto-Blume Institut für Sozialforschung und Gesellschaftspolitik

Gampe, J.; Peusch, P.; Schoen, J.; Frank, G. & Garms-Homolová, V. (2013): PflegeLanG – Häusliche Pflege in langlebiger Gesellschaft. Abschlussbericht eines vom IFAF im Zeitraum vom 01.07.2011 bis 31.07.2013 geförderten Projektes. Berlin, ASH und HTW

Garms-Homolová, V. (2008): Prävention bei Hochbetagten. In: Kuhlmey, A. & Schaeffer, D. (Hrsg.): Alter, Gesundheit und Krankheit. Bern: Hans Huber Verlag, S. 263–275

Garms-Homolová, V. Theiss, K. (2007): Bevorzugte Wohnformen alter und hochbetagter Menschen in Deutschland. Gegenwärtige Situation und künftige Entwicklungen. Teil 1: Darstellung und Analyse des Ist-Zustandes. Projekt im Auftrag der ProCurand AG, Berlin: IGK e. V.; Teil 2: Entwicklungen und Einflüsse. Projekt im Auftrag der ProCurand AG, Berlin: IGK e. V.

Genet, N.; Boerma, W.; Kroneman, M.; Hutchison, A.; Saltman, R. B. (eds.) (2013): Home Care Across Europe. Case Studies. European Observatory on Health System and Policies, http://www.healthobervatory.eu

Hasselhorn, H.-M.; Müller, B.-H.; Tackenberg, P.; Kümmerling, A.; Simon, M. (2005): Berufsausstieg bei Pflegepersonal. Arbeitsbedingungen und beabsichtigter Berufsausstieg bei Pflegepersonal in Deutschland und Europa. Schriftenreihe der Bundesanstalt für Arbeitsschutz und Arbeitsmedizin, Ü15, Dortmund, Berlin, Dresden, Bremerhaven: Wirtschaftsverlag NW, Verlag für neue Wisschenschaft

Kauffeld, S. (2011): Arbeits-, Organisations- und Personalpsychologie. Berlin, Heidelberg, New York: Springer

Lewin, K. (1951): Field Theory in Social Sciences. New York: Harper & Brothers

Lind, S. (2005): Gemeinsame Sorge – geteilte Sorge: Zur Kommunikation zwischen Pflegekräften und Angehörigen von Demenzkranken. Pflegeimpuls 5 und 6, S. 162-166

Mor, V. (2005): The Compression of Morbidity Hypothesis. A review of research and prospects for the future. JAGS, 53, S. 308–309

Rothgang, H.; Müller, R.; Unger, R. (2012): Themenreport Pflege 2030. Was ist zu erwarten, was ist zu tun. Gütersloh: Bertelsmann-Stiftung, www.bertelsmannstiftung.de

Sachverständigenkommission zum Sechsten Altenbericht der Bundesregierung (2010): Sechster Bericht zur Lage der älteren Generation in der Bundesrepublik Deutschland: Altersbilder in der Gesellschaft. Gerichtet an das BMFSFJ, Deutsches Zentrum für Altersfragen (DZA) Berlin

Saß, A.-C., Wurm, S; Ziese, T. (2009): Inanspruchnahmeverhalten. In: Böhm, K.; Tesch-Römer, C.; Ziese, T. (Hrsg.): Gesundheit und Krankheit im Alter. Beiträge zur Gesundheitsberichterstattung des Bundes. Berlin: RKI

Statistisches Bundesamt (2013) (Hrsg.): Pflegestatistik 2011. Pflege im Rahmen der Pflegeversicherung. Deutschlandergebnisse. www.destatis.de, erschienen am 18. Januar 2013, Artikelnummer: 5224001119004 [PDF]

LIFE SCIEN & PHARI

MOLEKULARE MECHANISMEN DER ALTERUNG UND MÖGLICHKEITEN IHRER CHEMISCHEN BEEINFLUSSUNG

René Lang | Hellmuth-Alexander Meyer | Jacqueline Franke

„Jeder möchte lange leben, aber keiner will alt werden."
Jonathan Swift (1667–1745), irischer Schriftsteller

WAS IST ALTERUNG?

Alle Organismen altern, unabhängig davon, ob sie einzellig oder mehrzellig sind. Die Lebensdauer ist dabei sehr unterschiedlich und reicht von wenigen Tagen bis hin zu mehreren Jahrhunderten (z.B. Fruchtfliege: wenige Tage, Süßwasserpolyp: mehrere Jahrhunderte) [1][2].

Alterung ist eines der am wenigsten verstandenen Phänomene der Biologie und die Vielfalt der Alterungsmuster ist groß. Die bisher bekannten molekularen Grundlagen des Alterns sind jedoch überraschend ähnlich. Daher können die zellulären Mechanismen des Alterns zunächst in einfachen Modellorganismen entschlüsselt werden, um sie dann auf menschliche Zellen zu übertragen. Dies macht es möglich, alterungsrelevante Signalwege gezielt auf molekularer Ebene chemisch zu beeinflussen. Ziel ist dabei nicht unbedingt, die Lebensdauer des Menschen zu erhöhen, sondern die Dauer des gesunden Lebens, die sogenannte *healthspan*. Die Beeinflussung von Alterungsprozessen ist vor dem Hintergrund des demografischen Wandels und der damit verbundenen sozialen und wirtschaftlichen Aufwendungen, die im Zusammenhang mit Alterung und alterungsassoziierten Krankheiten entstehen, besonders interessant. Aber auch im Hinblick auf die Entwicklung von Therapien gegen Krebs ist die Identifizierung von Substanzen, die Alterungsprozesse beeinflussen von Bedeutung: Krebszellen vermehren sich fast unbegrenzt. Jede Substanz, die die Lebensdauer von Zellen verringert, ist somit ein potenzieller Wirkstoff für die Entwicklung von Medikamenten gegen Krebs. Insofern stehen sowohl Substanzen, die die zelluläre Lebensdauer verlängern als auch verringern können im Fokus des Interesses von Pharma-, Lebensmittel- und Kosmetikindustrie.

Zur Erklärung des Alterns auf zellulärer Ebene wurden bisher verschiedene Theorien aufgestellt und experimentell untermauert:

A) *Die Akkumulation von Schäden*

Nach dieser Theorie ist das Altern ein Vorgang, der von der Akkumulation von Schäden innerhalb der Zelle verursacht wird und schließlich zum Tod der Zelle bzw. bei vielzelligen Organismen zum Tod des gesamten Organismus führen kann. Die bekannteste Grundlage für diese Theorie ist die auf der Rate-of-Living-Theorie basierte Idee, nach der Sauerstoffradikale (*reactive oxygen species*, ROS) die Zelle schädigen können [3]. Antioxidantien, die in der Lage sind, freie Radikale abzufangen, werden daher als potenzielle Wirkstoffe gegen das Altern und altersbedingte Erkrankungen diskutiert. Neueste Erkenntnisse widerlegen diese Theorie jedoch. Untersuchungen zeigen, dass ROS notwendig sind, um den Prozess der Mitohormesis in Gang zu setzen [4][5][6]. Demnach führen von der Zelle erzeugte ROS zu einer erhöhten Stressresistenz, die letztendlich zu einer besseren Abwehr gegen oxidativen Stress führt und die Lebensdauer erhöht. Antioxidantien verhindern die Mitohormesis und tragen demzufolge nicht zur Erhöhung der Lebensdauer bei.

B) *Die Verkürzung der Telomere*

Die Enden der Chromosomen, die Telomere, verkürzen sich mit jeder Zellteilung sukzessive: Je mehr Zellteilungen eine Zelle durchlaufen hat, desto kürzer sind die Telomere. Ab einer kritischen Telomerlänge verringert sich die Teilungsrate, die Zelle wird seneszent [7]. Die Verkürzung der Telomere ist in einer Vielzahl von mitotisch aktiven Geweben zu beobachten, z.B. in Hautfibroblasten und Epithelzellen des Magen-Darm-Traktes. Für eine Reihe von chronischen Erkrankungen, z.B. bei Arteriosklerose und bei Lebererkrankungen, konnte eine höhere Rate von Telomerverkürzungen nachgewiesen werden. Bei Patienten, die an sogenannten Premature-Aging-Syndromen leiden – seltenen Erbkrankheiten, die mit rasantem Altern verbunden sind – können sich die Zellen aufgrund der starken Telomerverkürzungen im Durchschnitt nur etwa zwanzigmal teilen und werden danach seneszent [8].

C) *Die Nährstoffabhängigkeit des Alterns*

In den letzten Jahren wurden verschiedene nährstoffabhängige Signalwege entdeckt, die Alterung regulieren. Einige von ihnen, z.B. der TOR-abhängige, der PKA-abhängige und der Insulin/IGF-Signalweg sind evolutionär konserviert [9][10][11]. Mutationen oder die chemische Beeinflussung von Komponenten dieser Signalwege mimikrieren eine kalorische Mangelsituation, in der oxidative Stressantworten induziert werden, die zu einer Erhöhung der Lebensdauer führen (siehe oben). Dementsprechend konnten Versuche in verschiedenen Modellorganismen

eigene Abbildung

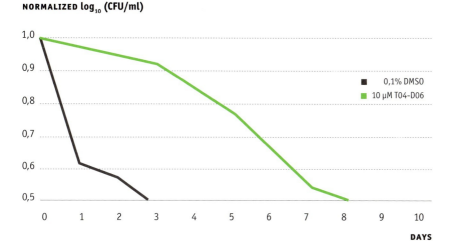

NORMALIZED log$_{10}$ (CFU/ml)

Legende:
- 0,1% DMSO
- 10 µM T04-D06

DAYS

Abbildung 1: Analyse der chronologischen Lebensdauer in der Hefe *S.pombe* in Anwesenheit eines neu identifizierten Alterungsmodulators. Stationäre Phase-Zellen wurden in Gegenwart von 10 µM des Pilzmetabolites T04-D06 kultiviert und ihre Vitalität durch Bestimmung der *colony forming units* (CFU) pro mL auf frischem Nährmedium quantifiziert. Nachfolgend wurde der Anteil überlebender Zellen in Abhängigkeit von der Kultivierungszeit ermittelt.

zeigen, dass eine Reduktion von Nährstoffen/Wachstumsfaktoren eine längere Lebensdauer bzw. healthspan bewirkt [11].

KÖNNEN ALTERUNGSMODULATOREN DAS LEBEN VERLÄNGERN?

Bisher sind noch nicht viele Substanzen bekannt, die die Lebensdauer verlängern können. Einer der bekanntesten lebensverlängernden Alterungsmodulatoren ist das Makrolid Rapamaycin, das die nach dem Inhibitor benannte TOR-Kinase hemmt und bereits in klinischen Studien untersucht wird [9]. Neben weiteren TOR-Inhibitoren wie Koffein und Wortmannin gibt es Substanzen, die neben der TOR-Kinase auf andere Ziele (Targets) in der Zelle wirken. Die lebensverlängernde Wirkung des Polyphenols Resveratrol, aufgrund seines Vorkommens in roten Trauben und der guten Löslichkeit in Ethanol in moderaten Konzentrationen in Rotwein zu finden, wird kontrovers diskutiert [12]. Die Hypothese, dass Resveratrol ein Enzym der Sirtuinfamilie (SIRT1) aktiviert, wurde kürzlich bestätigt [13]. Eine Verlängerung der Lebensdauer kann zudem das Polyamin Spermidin verursachen [14]. Weitere Naturstoffe wie z.B. Nigericin, Monensin, Acivicin und der Broccoli-Inhaltsstoff Diindolylmethan fungieren zumindest in Modellorganismen wie der Hefe als Alterungsmodulatoren, ihre genaue Wirkungsweise ist bisher jedoch wenig untersucht [15].

An der HTW Berlin wird mit verschiedenen experimentellen Ansätzen nach neuen Alterungsmodulatoren gesucht. Dabei kommt u.a. die automatisierte Suche nach wirksamen Substanzen mit Hilfe eines Roboters zur Anwendung. In **Abbildung 1** ist die Lebensverlängerung eines bisher unbekannten Naturstoffes gezeigt, der die Lebensdauer der Hefe *S.pombe* verlängern kann.

Abbildung 2: Tecan Freedom EVO® Liquid Handling Workstation zur Identifizierung von neuen Alterungsmodulatoren im High-Throughput-Verfahren. Der Roboter ermöglicht die parallele Probenahme und Prozessierung von mehreren Tausend biologischen Experimenten im Miniaturformat.

Für seine Identifizierung wurde mit Hilfe einer Tecan Freedom Evo® Liquid Handling Station **[Abbildung 2]** ein automatisiertes Screening von 2.700 Substanzen durchgeführt. Ziel des Hochdurchsatzexperimentes war es, die Überlebensfähigkeit von stationäre-Phase-Zellen in Anwesenheit der einzelnen Substanzen in Abhängigkeit von der Kultivierungszeit zu untersuchen. Mit Hilfe dieses Ansatzes konnte die chronologische Lebensdauer(*chronological life span*, CLS) ermittelt werden: CLS wird als Zeit definiert, in der sich nicht-teilende Zellen überleben können **[16]**. Die Vitalität der Zellen wird mit der Fähigkeit überprüft, wieder in den Zellzyklus einzutreten, d.h. sich in frischem Nährmedium erneut zu teilen. CLS-Analysen dienen als Modell für die Alterung post-mitotischer Zellen, die im menschlichen Gewebe z.B. im Gehirn, Herz und Niere zu finden sind.

IN WELCHE STOFFWECHSELWEGE WIRD DURCH ALTERUNGSMODULATOREN EINGEGRIFFEN?

Molekulare Mechanismen der Alterung werden mit Hilfe von Modellorganismen (z.B. Hefe, Fruchtfliege, Fadenwurm und Maus) seit mehreren Jahrzehnten extensiv erforscht **[17]**. Die Bäckerhefe *Saccharomyces cerevisiae* und auch die Spalthefe *Schizosaccharomyces pombe* haben wichtige Einblicke in zelluläre Alterungsprozesse ermöglicht. Neben der geringen Lebensdauer, der leichten Handhabbarkeit und Manipulierbarkeit, der hohen genetischen Stabilität, der vollständigen Kenntnis der DNA-Sequenz und dem hohen Grad der Zuordnung zu Proteinfunktionen besitzen Hefen den Vorteil, dass Alterungsexperimente einfach standardisiert und automatisiert, also in High-Throughput (HT)-Verfahren durchgeführt werden können.

A

REGULIERTE GENE

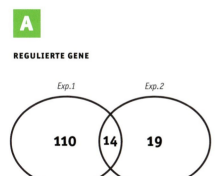

Exp.1   *Exp.2*

110 · 14 · 19

B

RESERVATROL

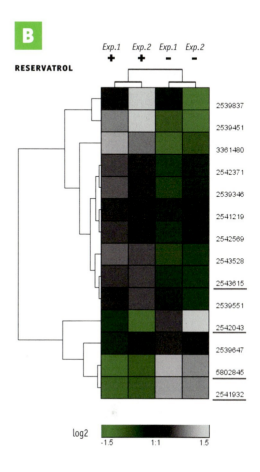

Exp.1 Exp.2 Exp.1 Exp.2
+   +   −   −

log2   -1.5   1:1   1.5

Die Kenntnis von Zielmolekülen (Targets) eines Wirkstoffes innerhalb der Zelle und ihrer Stellung in einem Stoffwechselweg ist für die Entwicklung von Medikamenten und die spätere Abschätzung von Risiken essentiell. An der HTW Berlin werden u. a. zwei Technologien zur Targetidentifizierung angewandt: **A)** Expressionsanalysen und **B)** Roboter-gestützte Haploinsuffizienzassays.

Abbildung 3: Vergleich von Expressionsprofilen von Hefezellen, die mit und ohne Resveratrol kultiviert wurden. Gesamt-RNA aus beiden Ansätzen wurde auf einem Affymetrix-Chip analysiert. Die Expressionswerte wurden MAS5 normalisiert und mit Hilfe von Genespring X und Genesis-Software ausgewertet. Dargestellt ist eine mindestens 1,5-fache Herab- (grün) bzw. Heraufregulation (grau) der Genexpression im Vergleich zum Kontrollexperiment. Die Clusteranalyse ergab einen signifikanten Zusammenhang zwischen Resveratrol-Behandlung und der Expression von Zellzyklusgenen (unterstrichen).

A)   In **Abbildung 3** sind beispielhaft die Ergebnisse von Expressionsanalysen für den bekannten Alterungsmodulator Resveratrol dargestellt. *S.pombe*-Zellen wurden in Anwesenheit von 100 µM Resveratrol bzw. DMSO für 20 h bei 30 °C inkubiert. Anschließend wurde aus den Zellen Gesamt-RNA isoliert und diese mittels Microarray-Genchip-Technologie analysiert. Die Änderung der Expressionsrate im gesamten Genom in Anwesenheit von Resveratrol im Vergleich zur Kontrolle (DMSO) wurde ermittelt und 14 Gene gefunden, deren Expression mehr als 1,5-fach verändert war. Die Abbildung stellt die *Heatmap* und hierarchische Clusteranalyse der 14 Gene inklusive ihrer Entrez Genes IDs dar.

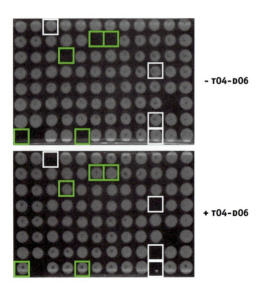

- T04-D06

+ T04-D06

eigene Abbildung

Abbildung 4: Haploinsuffizienzassay zur Identifizierung-von Zielmolekülen des Naturstoffes T04-D06. Abgebildet sind 96 von 4.800 Deletionsmutanten der Hefe *S.cerevisiae*, die entweder in Abwesenheit (oben) oder Anwesenheit (unten) des Wirkstoffes kultiviert wurden. Im Abstand von 24 h wurden Proben auf frisches Medium transferiert. Nach 8 Tagen ist ersichtlich, dass einige Deletionsmutanten in Gegenwart von T04-D06 kürzer (weiß umrandet) und einige länger (grün umrandet) leben. Die Identifizierung der Gendeletion, die in Kombination mit dem Alterungsmodulator zu einer veränderten Lebensspanne führt, erlaubt die Zuordnung zu dem beeinflussten Signalweg.

B) Mit Hilfe von Haploinsuffizienzassays kann im Modellorganismus Hefe nach additiven Effekten einer Substanz gesucht werden **[18]**. Diese Methode profitiert von der Tatsache, dass eine heterozygot-diploide Mutante, die nur eine Kopie des Targetgens trägt, sich hypersensitiv gegenüber dem zu testenden Wirkstoff zeigt. Die unterschiedliche Fitness des hypersensitiven Hefestammes gegenüber den unbeteiligten Mutanten einer Deletionssammlung von 4.800 Stämmen kann in HT-Verfahren mit Hilfe der Liquid Handling Workstation ermittelt werden **[Abbildung 4]**.

So identifizierte Targets können mit Hilfe von Expressionsanalysen weiter analysiert werden und Informationen über die gewebespezifische Verteilung im menschlichen Organismus liefern und damit eine spätere gezielte Applikation des Wirkstoffes bzw. die Entwicklung von geeigneten Applikationsformen ermöglichen. Dies setzt eine weitere Untersuchung in Tiermodellen und klinischen Studien voraus, für die der HTW Berlin durch Kooperationen zu Wirtschaft, Forschungsinstituten und medizinischen Einrichtungen im Berlin-Brandenburger Forschungsumfeld gute Voraussetzungen zur Verfügung stehen.

DANKSAGUNG

Wir danken Dr. Susanne Probst für die exzellente experimentelle Unterstützung. Diese Arbeit wurde unterstützt vom Bundesministerium für Wissenschaft, dem Europäischen Fonds für Regionale Entwicklung und dem Europäischen Sozialfond.

[1] A. Rajan und N. Perrimon, „Of flies and men: insights on organismal metabolism from fruit flies", BMC Biol., Bd. 11, S. 38, 2013.

[2] A. Nebel und T. C. G. Bosch, „Evolution of human longevity: lessons from Hydra", Aging, Bd. 4, Nr. 11, S. 730–731, Nov. 2012.

[3] P. A. Parsons, „The ecological stress theory of aging and hormesis: an energetic evolutionary model", Biogerontology, Bd. 8, Nr. 3, S. 233–242, Juni 2007.

[4] M. Ristow und K. Zarse, „How increased oxidative stress promotes longevity and metabolic health: The concept of mitochondrial hormesis (mitohormesis)", Exp. Gerontol., Bd. 45, Nr. 6, S. 410–418, Juni 2010.

[5] S. Miwa, K. Riyahi, L. Partridge und M. D. Brand, „Lack of correlation between mitochondrial reactive oxygen species production and life span in Drosophila", Ann. N. Y. Acad. Sci., Bd. 1019, S. 388–391, Juni 2004.

[6] L. Mao und J. Franke, „Hormesis in aging and neurodegeneration – a prodigy awaiting dissection", Int. J. Mol. Sci., Bd. 14, Nr. 7, S. 13109–13128, 2013.

[7] E. H. Blackburn, „Telomere states and cell fates", Nature, Bd. 408, Nr. 6808, S. 53–56, 2000.

[8] M. A. Blasco, „Telomeres and human disease: ageing, cancer and beyond",
Nat Rev Genet, Bd. 6, Nr. 8,
S. 611–622, 2005.

[9] S. C. Johnson, P. S. Rabinovitch und M. Kaeberlein, „mTOR is a key modulator of ageing and age-related disease", Nature, Bd. 493, Nr. 7432, S. 338–345, Jan. 2013.

[10] M. Kaeberlein, „Lessons on longevity from budding yeast", Nature, Bd. 464, Nr. 7288, S. 513–519, März 2010.

[11] N. Alic und L. Partridge, „Death and dessert: nutrient signalling pathways and ageing", Curr. Opin. Cell Biol., Bd. 23, Nr. 6, S. 738–743, Dez. 2011.

[12] B. Juhasz, B. Varga, R. Gesztelyi, A. Kemeny-Beke, J. Zsuga und A. Tosaki, „Resveratrol: a multifunctional cytoprotective molecule", Curr. Pharm. Biotechnol., Bd. 11, Nr. 8, S. 810–818, Dez. 2010.

[13] B. P. Hubbard, A. P. Gomes, H. Dai, J. Li, A. W. Case, T. Considine, T. V. Riera, J. E. Lee, S. Y. E, D. W. Lamming, B. L. Pentelute, E. R. Schuman, L. A. Stevens, A. J. Y. Ling, S. M. Armour, S. Michan, H. Zhao, Y. Jiang, S. M. Sweitzer, C. A. Blum, J. S. Disch, P. Y. Ng, K. T. Howitz, A. P. Rolo, Y. Hamuro, J. Moss, R. B. Perni, J. L. Ellis, G. P. Vlasuk und D. A. Sinclair, „Evidence for a common mechanism of SIRT1 regulation by allosteric activators", Science, Bd. 339, Nr. 6124, S. 1216–1219, März 2013.

[14] T. Eisenberg, H. Knauer, A. Schauer, S. Büttner, C. Ruckenstuhl, D. Carmona-Gutierrez, J. Ring, S. Schroeder, C. Magnes, L. Antonaci, H. Fussi, L. Deszcz, R. Hartl, E. Schraml, A. Criollo, E. Megalou, D. Weiskopf, P. Laun, G. Heeren, M. Breitenbach, B. Grubeck-Loebenstein, E. Herker, B. Fahrenkrog, K.-U. Fröhlich, F. Sinner, N. Tavernarakis, N. Minois, G. Kroemer und F. Madeo, „Induction of autophagy by spermidine promotes longevity", Nat. Cell Biol., Bd. 11, Nr. 11, S. 1305–1314, Nov. 2009.

[15] J. Stephan, J. Franke und A. E. Ehrenhofer-Murray, „Chemical genetic screen in fission yeast reveals roles for vacuolar acidification, mitochondrial fission and cellular GMP levels in lifespan regulation", Aging Cell, 2012.

[16] V. D. Longo, G. S. Shadel, M. Kaeberlein und B. Kennedy, „Replicative and Chronological Aging in Saccharomyces cerevisiae", Cell Metab., Bd. 16, Nr. 1, S. 18–31, Juli 2012.

[17] D. Gems und L. Partridge, „Genetics of longevity in model organisms: debates and paradigm shifts", Annu. Rev. Physiol., Bd. 75, S. 621–644, 2013.

[18] G. Giaever, D. D. Shoemaker, T. W. Jones, H. Liang, E. A. Winzeler, A. Astromoff und R. W. Davis, „Genomic profiling of drug sensitivities via induced haploinsufficiency", Nat Genet, Bd. 21, Nr. 3, S. 278–83, 1999.

DATENBASIERTE MATHEMATISCHE MODELLIERUNG DES HORMETISCHEN EFFEKTS VON NIKOTIN AUF DIE ALTERUNG

Ludmilla Wiebe | Jacqueline Franke | Lei Mao

Es ist allgemein bekannt, dass Rauchen der Gesundheit schadet. Wissenschaftliche Untersuchungen haben jedoch gezeigt, dass Rauchen vor neurodegenerativen Erkrankungen wie Morbus Parkinson schützen kann. Laut einer in der Zeitschrift „Neurology" erschienenen Studie mit Teilnehmern zwischen 50 und 71 Jahren hatten regelmäßige Raucher im Vergleich zu Nichtrauchern ein um 44 % geringeres Risiko, an der Parkinson-Krankheit zu erkranken. Für Rentner, die früher geraucht und dann aufgehört hatten, war das Parkinson-Risiko um 22 % niedriger [1].

Die auch als Schüttellähmung bekannte Parkinson-Erkrankung ist durch das Absterben von Nervenzellen in der Gehirnsubregion *Substantia nigra* gekennzeichnet und tritt bei über 4% der Weltbevölkerung im Alter von über 65 auf [2].

[1] Chen, H., et al., Smoking duration, intensity, and risk of Parkinson disease. Neurology, 2010. 74(11): p. 878–84.

[2] Lees, A.J., J. Hardy and T. Revesz, Parkinson's disease. Lancet, 2009. 373(9680): p. 2055–66.

[3] Duerrschmidt, N., et al., Nicotine effects on human endothelial intercellular communication via alpha4beta2 and alpha3beta2 nicotinic acetylcholine receptor subtypes. Naunyn Schmiedebergs Arch Pharmacol, 2012. 385(6): p. 621–32.

[4] Diedrich, M., Mao, L., et al., Brain region specific mitophagy capacity could contribute to selective neuronal vulnerability in Parkinson's disease. Proteome Sci, 2011. 9(59): p. 59.

Trotz zahlreicher Untersuchungen ist noch nicht geklärt, wie genau Zigarettenrauch gegen die Parkinson-Krankheit wirkt. Es ist jedoch erwiesen, dass das Nikotin, ein bioaktiver Hauptbestandteil von Tabak, dafür verantwortlich ist. Nikotin wirkt dabei auf zweifache Weise: Zum einen verbessert es die Bewegungseinschränkungen der Parkinson-Erkrankten wie die Lähmung der Arme und Beine und unkontrollierte Muskelbewegungen. Zum anderen zeigt Nikotin einen schützenden Effekt auf Nervenzellen und verhindert somit den Ausbruch der Krankheit. Für diese protektive Wirkung von Nikotin werden unterschiedliche Mechanismen angenommen, unter anderem der, dass Nikotin die Mitophagie in den Zellen aktiviert [3]. Die Mitophagie ist der gezielte Abbau von defekten Mitochondrien, der beim Morbus Parkinson gestört ist und daher zum Absterben der betroffenen Nervenzellen führt [4]. Allerdings sind im Laufe der Jahre in der Literatur widersprüchliche Beobachtungen der positiven Wirkung des Nikotins dokumentiert worden. Dies deutet darauf hin, dass der positive Effekt von Nikotin von verschiedenen Faktoren abhängig ist und als dynamisches Interaktionssystem betrachtet werden muss.

Mathematische Modellierungen und Computersimulationen können dabei helfen, ein dynamisches System anhand experimenteller Daten effizient zu erforschen. In dieser Arbeit wurde die Wirkung von Nikotin auf die Mitophagie in humanen Zellen untersucht. Dabei wurde festgestellt, dass der protektive Effekt von Nikotin nur in einem bestimmten Konzentrationsbereich eintritt. Das lässt vermuten, dass Nikotin hormetisch, also nur bei einer bestimmten, geringen Konzentration wirkt [5]. Aus Literaturdaten kombiniert mit Daten aus Experimenten, die an der HTW Berlin durchgeführt wurden, konnte das hormetische Konzentrationsfenster von Nikotin mit Hilfe eines mathematischen Modells bestimmt werden.

ELEKTRONMIKROSKOPISCHE UNTERSUCHUNG DER MITOPHAGIE

Mitophagie ist der gezielte selbstgesteuerte Abbau von defekten Mitochondrien – den Energiekraftwerken der Zellen. Alte oder geschädigte Mitochondrien produzieren nicht genügend Energie, aber vermehrt reaktive Sauerstoffradikale (*reactive oxygen species*, ROS) und werden durch Mitophagie beseitigt. Mitophagie dient somit als eine Art molekularer Staubsauger, der die unbrauchbaren Zellbestandteile der Zelle beseitigt [6]. In sich teilenden Zellen wird die Mitophagie in der Regel erst durch Nährstoffmangel ausgelöst, um der Zelle durch Recycling Nährstoffe und essentielle Bausteine zur Aufrechterhaltung wichtiger Zellfunktionen zu liefern [7]. In langlebigen Zellen wie Neuronen werden defekte Mitochondrien mittels Mitophagie sehr schnell beseitigt und die Zellalterung verzögert. Ist die Mitophagie jedoch gestört, sammeln sich geschädigte Mitochondrien in den Zellen an und können zum Tod der betroffen Nervenzelle führen. Das Absterben von Nervenzellen ist kennzeichnend für neurodegenerative Erkrankungen wie die Parkinson- und Alzheimer-Krankheit. Auch andere Erkrankungen wie Infektionskrankheiten und Krebs werden auf eine Fehlsteuerung der Mitophagie zurückgeführt [8].

[5] Mao, L. and J. Franke, Hormesis in aging and neurodegeneration – a prodigy awaiting dissection. Int J Mol Sci, 2013. 14(7): p. 13109–28.

[6] Codogno, P. and A.J. Meijer, Autophagy and signaling: their role in cell survival and cell death. Cell Death Differ, 2005. 12 Suppl 2: p. 1509–18.

[7] Deretic, V. and D.J. Klionsky, Reinemachen in der Zelle. Spektrum der Wissenschaft, 2008. 12: p. 58–68.

[8] Levine, B. and J. Yuan, Autophagy in cell death: an innocent convict? J Clin Invest, 2005. 115(10): p. 2679–88.

[9] Suzuki, K., et al., The pre-autophagosomal structure organized by concerted functions of APG genes is essential for autophagosome formation. Embo J, 2001. 20(21): p. 5971–81.

[10] Liang, C., et al., Autophagic and tumour suppressor activity of a novel Beclin1-binding protein UVRAG. Nat Cell Biol, 2006. 8(7): p. 688–99.

[11] Onodera, J. and Y. Ohsumi, Autophagy is required for maintenance of amino acid levels and protein synthesis under nitrogen starvation. J Biol Chem, 2005. 280(36): p. 31582–6.

[12] Klionsky, D.J., et al., Guidelines for the use and interpretation of assays for monitoring autophagy. Autophagy, 2012. 8(4): p. 445–544.

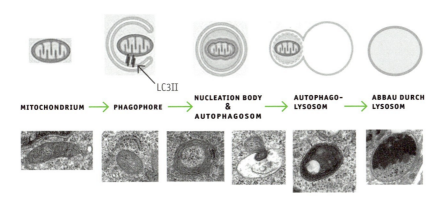

MITOCHONDRIUM → PHAGOPHORE → NUCLEATION BODY & AUTOPHAGOSOM → AUTOPHAGO-LYSOSOM → ABBAU DURCH LYSOSOM

Abbildung 1: Prozess der Mitophagie in Einzelschritten: oben schematisch, unten eigene Aufnahmen mit einem Transmissionselektronenmikroskop (TEM), mit 129.300-facher Vergrößerung.

Der Prozess der Mitophagie erfolgt, wie schematisch und in den elektronenmikroskopischen Aufnahmen in **Abbildung 1** veranschaulicht, in mehreren Phasen. Zuerst bildet sich im Zytoplasma eine sichelförmige Doppelmembranstruktur aus, das Phagophor. Diese rekrutiert ein Heterodimer aus den Autophagie-Proteinen Atg12 und Atg5 [9]. Zusammen mit anderen Proteinen wie Beclin 1 katalysiert Atg12-Atg5 das Anwachsen und die Ausbildung der Phagophore zu einem *nucleation body* [10]. Ein wichtiger Aspekt ist hierbei, dass die Entstehung der cytotoxischen ROS nicht nur durch geschädigte Mitochondrien, sondern auch durch Nikotin angeregt wird. Der *nucleation body* kann nun defekte Mitochondrien und andere Zellbestandteile umschließen und sich selbst zu einer Kapsel, dem Autophagosom verschließen. Für diese Reifung zum Autophagosom wird das Protein LC3-II benötigt, das als quantitativer Autophagie-Marker angesehen wird. Das Autophagosom verschmilzt samt Inhalt mit einem Lysosom, einer Art Müllbeseitigungsanlage in der Zelle. Im entstehenden Autophagolysosom wird die Fracht aus defektem Mitochondrium und anderen Zellbestandteilen mit Hilfe hydrolytischer Enzyme schließlich verdaut [7]. Damit wird ein Kreislauf zur Bildung eines neuen, aktiven Mitochondriums geschaffen [11].

EXPERIMENTBASIERTE MATHEMATISCHE MODELLIERUNG

Zur Überprüfung der Hypothese, dass der hormetische Effekt des Nikotins durch die Aktivierung der Mitophagie zustande kommt, wurden an der HTW Berlin Nikotin-behandelte humane Zellen auf den Mitophagie-Marker LC3-II untersucht [12]. Mit Hilfe dieser quantitativen Daten konnte die Mitophagie in zeitlichen Momentaufnahmen verfolgt werden.

Darauf aufbauend wurde ein mathematisches Modell erstellt, um den regulatorischen Effekt des Nikotins auf den Mitophagiefluss zu erklären. Für die Modellierung und Simulation des Mitophagie-Prozesses wurden die Programme CellDesigner *(www.celldesigner.com)* und COPASI *(www.copasi.org)* verwendet.

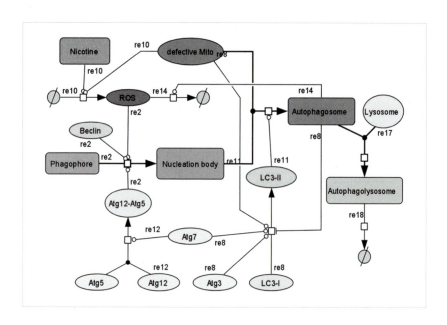

Abbildung 2: Aufbau des Modells der Mitophagie, erstellt im CellDesigner4.3.

In dem erstellten Modell wurde der komplexe Prozess der Mitophagie auf die wesentlichen Reaktionen und Phasen reduziert. Das Modell ist folgendermaßen aufgebaut **[Abbildung 2]**:

– „Nicotine" (Nikotin) und „defective Mito" (defektes Mitochondrium) regen die Bildung von „ROS" (reaktiven Sauerstoffspezies) an (Reaktion re10 im Modell).

– „ROS" katalysieren zusammen mit „Beclin" und dem Heterodimer „Atg12-Atg5" die Bildung des *„nucleation bodys"* aus dem Phagophor (re2).

– „Atg12-Atg5" entsteht aus den einzelnen Proteinen Atg12 und Atg5 mithilfe des Katalysators Atg7 (re12).

– Der *„nucleation body"* umschließt das defekte Mitochondrium und wird mithilfe von LC3-II zum „Autophagosom" (re10).

– Die Umwandlung von „LC3-I" in „LC3-II" wird von den Proteinen „Atg7" und „Atg3" katalysiert (re8).

– Das „Autophagosom" reagiert zusammen mit einem Lysosom zum „Autophagolysosom" (re17), welches am Ende abgebaut wird (re18).

– Das „Autophagosom" aktiviert ferner den Abbau von „ROS" (re14).

Zur Beschreibung der Kinetik der einzelnen Reaktionen wurden vereinfachend lineare Gleichungen verwendet. Die Reaktionsgeschwindigkeitskonstante k und die unbekannten Anfangsmengen der Spezies wurden auf der Basis von

type	id	name	reversible	fast	reactants	products	modifiers	math
HETERODIMER_ASSOCIATION	re12	Atg12-5 complexing	false	false	s8,s7	s6	s9	s8 * s7 * k1 * s9
STATE_TRANSITION	re8	LC3 activation	false	false	s10	s14	s9,s15,s13,s3	s10 * k2 * s9 * s15 * s13 * (1 - s14 / 10)
HETERODIMER_ASSOCIATION	re11	Mitophagy	false	false	s13,s2	s3	s14	s13 * s2 * k4 * s14
STATE_TRANSITION	re2	Nuceation formation	false	false	s1	s2	s6,s12,s17	s1 * k5 * s6 * s12 * s17
STATE_TRANSITION	re14	ROS disappear	false	false	s12	s20	s3	k6 * s3
STATE_TRANSITION	re10	ROS generation	false	false	s18	s12	s11,s13	k7 * s11 * s11 * s13
HETERODIMER_ASSOCIATION	re17	Autophagolysosome formation	false	false	s3,s4	s23		s3 * s4 * k8
STATE_TRANSITION	re18	Autophagolysosome degradation	false	false	s23	s24		k9

Species ID Edit Export

Species | Proteins | Genes | RNAs | asRNAs | Reactions | Compartments | Parameters | Functions | UnitDefinitions | Rules | Events | SpeciesTypes | CompartmentTypes | InitialA

Species | Parameters | Change amount | Parameter Scan | Interactive Simulation | Results

Id	Name	Compa...	Quant...	Initial Quantity	Subst...	bound...
s4	Lysosome	default	Amount	0.6250		false
s6	Atg12-Atg5	default	Amount	6.3100		false
s7	Atg12	default	Amount	0.0534		false
s8	Atg5	default	Amount	1.0800		false
s9	Atg7	default	Amount	1.1200		false
s10	LC3-I	default	Amount	3.9440		true
s11	Nicotine	default	Amount	0.1000		false
s12	ROS	default	Amount	0.0000		false
s13	defective Mito	default	Amount	1.0000		false
s14	LC3-II	default	Amount	2.4650		false
s15	Atg3	default	Amount	0.4020		false
s17	Beclin	default	Amount	2.3700		false
s1	Phagophore	default	Amount	0.5000		false
s3	Autophagosome	default	Amount	1.0E-4		false
s18	s18	default	Amount	0.0000		true
s20	sa12_degraded	default	Amount	0.0000		false
s2	Nucleation body	default	Amount	1.0000		false
s5	sa3_degraded	default	Amount	0.0000		true

Abbildung 3: Die Reaktionen im Modell und die zugehörige Reaktionskinetik sowie die Ausgangsmengen der Spezies im Modell, die aus den Experimenten bzw. der Literatur abgeleitet wurden.

experimentellen Daten durch Parameterfitting im COPASI bestimmt. Dadurch wurden die einzelnen Parameter und Ausgangsmengen so angepasst, dass das Modell die experimentellen Werte insgesamt annähernd gut wiedergibt. In **Abbildung 3** ist eine Zusammenfassung der Reaktionen dargestellt.

Anschließend wurde ein ausführlicher Parameterscan mit der Software COPASI durchgeführt. Damit wurde ein hormetisches Konzentrationsfenster von Nikotin im Bereich von ca. 0,25-0,4 mM ermittelt. In diesem Konzentrationsfenster stimuliert Nikotin die Mitophagie in Form einer In-Phase Oszillation **[siehe Abbildung 4]**.

DISKUSSION UND AUSBLICK

In den letzten 60 Jahren ist die Lebenserwartung in Deutschland dank der verbesserten medizinischen Versorgung auf etwa 80 Jahre gestiegen. Bedingt durch die Überalterung der Gesellschaft steht Deutschland auf dem Gebiet der Gesundheitsversorgung vor einer großen Herausforderung. Um die finanzielle Belastung des Gesundheitssystems durch altersbe-

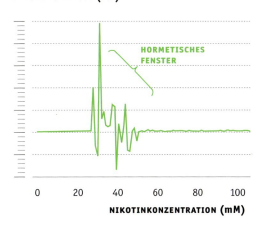

MITOPHAGIEFLUSS (a.u)

HORMETISCHES FENSTER

0   20   40   60   80   100

NIKOTINKONZENTRATION (mM)

Abbildung 4: Abhängigkeit des Mitophagieflusses von der Nikotinkonzentration, erstellt mit einem Parameterscan in COPASI (a.u.: arbituary unit).

dingte Krankheiten zu senken, steht eine möglichst lange, gesunde Lebenszeit der Gesellschaft im Mittelpunkt. Daher rücken neurodegenerative Krankheiten und die Suche nach Substanzen, die neurodegenerativen Krankheiten entgegenwirken, immer mehr in den Fokus der Medizinforschung. Bei der Erforschung der Wirkmechanismen der Kandidatensubstanz Nikotin wurde an der HTW Berlin experimentell nachgewiesen, dass Nikotin die Erneuerung von Mitochondrien stimuliert und dadurch die zellulären Energiesysteme aufrechterhält. Es wurde gleichzeitig festgestellt, dass die Konzentration für die positive Wirkung von Nikotin eine sensible Variable ist, bei höherer Konzentration setzt die toxische Wirkung ein.

Modellierung und Simulation sind zu Schlüsseltechnologien für viele Wissenschaftssparten auch im Bereich Lebenswissenschaften geworden. So gehören computergestützte Analysen von dynamischen Systemen heute zur modernen Form des Experiments, um wissenschaftliche Hypothesen zu erproben. Hier wurde anhand von bekannten biologischen Daten ein mathematisches Modell erstellt, um die Dynamik der Mitophagie zu untersuchen. Damit kann der hormetische Effekt von Nikotin in einem weiten dynamischen Konzentrationsbereich simuliert werden. Durch die Einbeziehung eigener experimenteller Daten wurde deutlich, dass der Mitophagiefluss bzw. die tatsächliche Erneuerungsrate von Mitochondrien stark von der Nikotinkonzentration abhängt. Eine geringe Nikotindosis kann somit Mitophagie fördern. Medikamente auf Nikotin-Basis könnten somit einen Therapieansatz für die Behandlung und Vorbeugung von altersbedingten neurodegenerativen Krankheiten darstellen. Zugleich zeigt diese Arbeit, dass mathematische Modellierung und Computersimulation wesentlich dazu beitragen können, experimentelle Daten in der Gesundheitsforschung zu verarbeiten.

DANKSAGUNG

Diese Arbeit wurde unterstützt vom Berliner Chancengleichheitsprogramm.

PRODUKTION HOCHWIRKSAMER BIOPHARMAZEUTIKA MIT ERWÜNSCHTEN OLIGOSACCHARID- STRUKTUREN

Hans Henning von Horsten

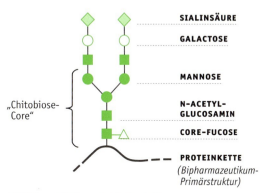

SIALINSÄURE

GALACTOSE

MANNOSE

N-ACETYL-GLUCOSAMIN

CORE-FUCOSE

PROTEINKETTE
(Bipharmazeutikum-Primärstruktur)

„Chitobiose-Core"

Abbildung 1: Schematische Darstellung des Aufbaus einer (biantennären) komplexen Zuckerstruktur von Biopharmazeutika.

Biopharmazeutika sind von ihrem chemischen Aufbau her Eiweißkörper, die bislang nur in lebenden Zellen in wirtschaftlich tragfähiger Weise hergestellt werden können. Aufgrund ihrer komplexen makromolekularen Struktur sowie aufgrund ihrer Herstellung in einem lebenden Produktionssystem weisen Biopharmazeutika meist eine enorme Bandbreite an struktureller Vielfältigkeit auf. Diese Vielfältigkeit ergibt sich insbesondere durch chemische Veränderungen bestimmter Seitenketten der am Aufbau der Struktur beteiligten Aminosäuren, den sogenannten posttranslationalen Modifikationen. Die komplexeste dieser Modifikationen betrifft dabei das Anhängen von verzweigten Zuckerketten (Glykanstrukturen, Oligosaccharidstrukturen) an spezifisch definierte Aminosäureseitenketten der Proteinstruktur. Die therapeutische Aktivität von Biopharmazeutika basiert im Regelfall auf der molekularen Bindung zwischen dem Pharmazeutikum und einer Zielstruktur im erkrankten Organismus. Meist sind an dieser Bindung nicht nur die Seitenketten der Proteinstruktur beteiligt, sondern auch posttranslationale Modifikationen, insbesondere die genannten Oligosaccharidstrukturen. Durch gezielte Optimierung dieser Zuckerstrukturen lässt sich in vielen Fällen eine Verbesserung der pharmakokinetischen und pharmakodynamischen Wirkstoffeigenschaften erreichen.

AUSWIRKUNG VON ZUCKERSTRUKTUREN AUF BIOPHARMAZEUTIKA-WIRKSTOFF-EIGENSCHAFTEN

Das Inverkehrbringen von Pharmazeutika erfordert laut Arzneimittelgesetz, dass diese Arzneistoffe wirksam und unbedenklich sein müssen und die erforderliche Qualität aufweisen (§1AMG). Zuckerstrukturen auf der Oberfläche komplexer makromolekularer Therapeutika haben z.T. großen Einfluss auf deren pharmazeutische Wirksamkeit. Die bislang am besten untersuchte Zuckerstruktur ist die N-Glykan-Struktur menschlicher Eiweißmoleküle. Bei dieser Struktur handelt es sich um ein komplexes, verzweigtes Heteroglykan aus den Bausteinen N-Acetylglucosamin, Mannose, Galactose, Sialinsäure und Fucose **[Abbildung 1]**.

Für die Sialinsäure ist ein klarer Zusammenhang zwischen ihrem Vorhandensein auf einer Zuckerstruktur und der pharmakokinetischen Plasmahalblebenszeit des entsprechenden Wirkstoffmoleküls erwiesen [1, 2]. Die glykosidische Bindung der endständigen Sialinsäuren an die Glykanstruktur ist vergleichsweise labil. Der Alterungsprozess komplexer makromolekularer Wirkstoffe geht daher mit einem Verlust der endständigen Sialinsäuren einher. Hierdurch werden die Galactose-Einheiten der Glykanstruktur freigelegt [vgl. Abbildung 1] und können nun ihrerseits von körpereigenen Rezeptoren erkannt werden. Beim Blutdurchfluss durch das Leber-Pfortadersystem werden diese Wirkstoffmoleküle mit endständigen Galactosen durch den Asialoglykoproteinrezeptor gebunden, anschließend durch Hepatocyten endozytiert und schließlich abgebaut. Durch diesen Mechanismus verringert sich die Plasmahalblebenszeit nicht-sialylierter Wirkstoffmoleküle und es verschlechtert sich damit eine zentrale pharmakokinetische Wirkstoffeigenschaft. Für den zweiten endständigen Zucker auf der N-Glykanstruktur, die Core-Fucose, ist ebenfalls ein Zusammenhang zwischen seinem Vorhandensein und der Veränderung der pharmazeutischen Wirksamkeit beschrieben. Anders als bei der Sialinsäure, deren Vorhandensein sich auf die Wirkstoff-Pharmakokinetik auswirkt, kann sich die Abwesenheit der Core-Fucose direkt auf eine funktionsrelevante Pharmakon-Rezeptor-Wechselwirkung auswirken und verstärkt damit die Wirkstoff-Pharmakodynamik. Therapeutische Antikörper, eine der großen Wirkstoffklassen von Biopharmazeutika, finden größtenteils Anwendung in der Krebstherapie. Dabei macht man sich zunutze, dass Antikörper nach ihrer Bindung an ihre Zielstrukturen auf der Oberfläche von Tumorzellen diese Krebszellen direkt abtöten können, indem sie weitere Bestandteile der köpereigenen Immunabwehr rekrutieren können. Fehlende Core-Fucose auf einem therapeutischen Antikörper führt dazu, dass dieser eine etwa 100-fach stärkere Anziehungskraft für natürliche Killerzellen erreicht [3].Neben diesen beiden prominenten Beispielen gibt es eine ganze Reihe weiterer erwünschter und unerwünschter Glykanstrukturen von Biopharmazeutika.

INDUSTRIELLE RELEVANZ DER ZUCKERSTRUKTUR-AUSPRÄGUNG

Die unmittelbare Auswirkung der Glykanstruktur-Varianz auf die therapeutische Wirksamkeit von Biopharmazeutika hat dieses Thema in den Fokus der industriellen Anwender gerückt. Die biopharmazeutische Wirkstoff-Produktion basiert auf

[1] Li, H., d'Anjou, M. Pharmacological significance of glycosylation in therapeutic proteins. Current Opinion in Biotechnology 2009; 20:678–684.

[2] Solá, R.J., Griebenow, K. Glycosylation of therapeutic proteins: an effective strategy to optimize efficacy. BioDrugs. 2010; 24:9–21)

[3] Ferrara, C., Grau, S., Jäger, C., Sondermann, P., Brünker, P., Waldhauer, I., Hennig, M., Ruf, A., Rufer, A.C., Stihle, M., Umaña, P., Benz, J. Unique carbohydrate–carbohydrate interactions are required for high affinity binding between Fc RIII and antibodies lacking core fucose. Proceedings of the National Academy of Sciences U S A. 2011 Aug 2; 108(31):12669–74.

[4] Bork, K., Horstkorte, R., Weidemann, W. Increasing the sialylation of therapeutic glycoproteins: the potential of the sialic acid biosynthetic pathway. Journal of Pharmaceutical Sciences. 2009 Oct; 98(10):3499–508.

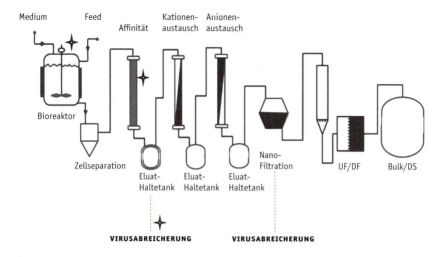

Medium   Feed   Affinität   Kationen-austausch   Anionen-austausch

Bioreaktor

Zellseparation

Eluat-Haltetank   Eluat-Haltetank   Eluat-Haltetank

Nano-Filtration   UF/DF   Bulk/DS

VIRUSABREICHERUNG   VIRUSABREICHERUNG

Abbildung 2: Prozess-Fließbild einer Biopharmazeutika-Produktion.
Prozesskritische Schritte für die Zuckerstruktur-Ausprägung sind mit Stern gekennzeichnet.
UF/DF= Ultrafiltration/Diafiltration, DS= Drug Substance.

einer Kombination verschiedener Prozessschritte einschließlich der Fermentation von Säugerzellkulturen sowie mehrstufiger Aufarbeitungsschritte. Aufgrund der Labilität glykosidischer Bindungen, aber auch aufgrund der biologischen Dynamik von Zellkultur-Fermentationsprozessen kann sich jeder dieser Prozessschritte auf die Glykanstruktur-Ausprägung im finalen Wirkstoff-Bulk auswirken [Abbildung 2].

Daher hat die Industrie umfangreiche Entwicklungsarbeiten unternommen, um die reproduzierbar kontrollierte Produktion von Wirkstoffen mit erwünschten Zuckerstrukturen zu erreichen. Im Fokus dieser Entwicklungsarbeiten standen und stehen dabei die gentechnische Manipulation industrieller Produktions-Zelllinien und die Optimierung der Prozessführung im Hinblick auf die Stabilhaltung erzeugter Zuckerstrukturen.

Die Entwicklung kommerzieller Produktionszelllinien für die biopharmazeutische Wirkstoffproduktion basiert im Wesentlichen auf dem durch Selektionsdruck erzwungenen Einbau der für den Arzneiwirkstoff kodierenden Fremdgene in das Genom der Wirtszelle. Da die Integration des Fremdgens in das Wirtszellgenom dem Zufall unterliegt, unterscheiden sich die dabei erhaltenen Zell-Klone stark im Hinblick auf ihre Expressionsleistung und Glykosylierungskapazität, d.h. ihrer Fähigkeit, komplexe Zuckerstrukturen aufzubauen. Um trotzdem eine reproduzierbar verstärkte Produktion von Wirkstoffen mit endständig sialylierten Glykanen zu erreichen, haben industrielle Entwickler sowohl die Sialinsäure-Biosynthese als auch die Glykoprotein-Prozessierung in Produktions-Zelllinien als Ansatzpunkte für gentechnisches Engineering herangezogen [4]. Auch die reproduzierbare Abwesenheit von Core-Fucose wurde durch gentechnisches Engineering erreicht und konnte bereits in industriellen Produktionsprozessen umgesetzt werden [5, 6, 7]. Die Sialinsäure birgt zudem ein Arzneimittel-Sicherheitsproblem, welches sich aus der Prozessführung ergeben kann. Menschliche Zellen synthetisieren ausschließlich die Sialinsäure 5-N-Acetyl-Neuraminsäure (Neu-5-Ac) während viele tierische Zellen die Sialinsäure 5-N-Glykolyl-Neuraminsäure (Neu-5-Glc) synthetisieren. Sofern die Fermentationsmedien Komponenten tierischen Ursprungs enthalten, können hierdurch Neu-5-Glc Moleküle in den Prozess eingeschleppt werden. Dies hat zur Folge, dass Neu-5-Glc von Produktionszellen aufgenommen und in Wirkstoffmoleküle eingebaut wird. Aufgrund des allergieauslösenden Potenzials von Neu-5-Glc geht von solchen verfremdeten Wirkstoffmolekülen daher ein Sicherheitsrisiko für den Patienten aus [9]. Ein zusätzliches Problem für die Stabilität sialylierter Zuckerstrukturen ist die Freisetzung von Sialidase-Aktivität aus toten Zellen in das Zellkulturmedium während der Fermentation. Auch für dieses Problem hat die Industrie allerdings bereits gute Lösungsansätze gefunden [8]. Nach wie vor besteht jedoch die Gefahr, dass Sialinsäuren während der Fermentation oder in einem der nachgelagerten Prozessschritte der mehrstufigen Aufarbeitung vom Glykan abgespalten werden können.

Schlussendlich stellen produktionsbedingte Schwankungen in der Ausprägung proteingebundener Zuckerstrukturen ein hohes Risikopotenzial in Bezug auf die Wirkstoff-Dosisfindung dar. Daher werden die Produktionschargen solcher biopharmazeutischer Wirkstoffe routinemäßig auf Schwankungen in der Glykanstruktur untersucht. Die Ausprägung der Zuckerstrukturen ist damit eines derjenigen Qualitätsmerkmale, die sowohl für die Vergleichbarkeit von Wirkstoffchargen aber auch für den Abgleich von Biosimilars mit ihrem zugehörigen Originalprodukt herangezogen werden [10].

PRODUKTION VON BIOPHARMAZEUTIKA MIT CHEMISCH-EINHEITLICHEN ZUCKERSTRUKTUREN

Diese Schwierigkeiten bei der Erzeugung und Qualitätskontrolle von glykosylierten Arzneimittelwirkstoffen haben neue Produktentwicklungsansätze hervorgebracht, die sich mit der nachträglichen Erzeugung einheitlich glykosylierter Wirkstoffe beschäftigen. Erste Ansätze dazu verfolgten die nachträgliche in vitro Glykosylierung mit Glykosyltransferasen und Zuckernukleotiden [11]. Zwei neuere Entwicklungsansätze verfolgen das Ziel, Biopharmazeutika erst nach Abschluss der wesentlichen Aufarbeitungsschritte mit synthetischen, definierten Zuckerstrukturen zu beladen. Der erste Ansatz nutzt die Transglykosylierungsaktivität bestimmter Endoglykosidasen aus, um so einen Komplettaustausch der moleküleigenen Zuckerstrukturen durch synthetische N-Glykan–Oxazoline zu erreichen [12, 13]. Ein weiterer Ansatz nutzt die Übertragung von lipidgebundenen Zuckerstrukturen auf Wirkstoffmoleküle durch Oligosaccharyltransferase [14]. Diese in der Entwicklung befindlichen Technologien zur Produktion von Wirkstoffen mit chemisch-definierten und einheitlichen Zuckerstrukturen werden einen großen Beitrag zur Erleichterung der Wirkstoffanalytik von Inprozesskontrollen und Freigabechargen leisten und außerdem einen erheblichen Beitrag zur Verbesserung der Reproduzierbarkeit der Wirksamkeit und Wirkstärke biotechnologischer Arzneimittel leisten.

[5] Yamane-Ohnuki, N., Kinoshita, S., Inoue-Urakubo, M., Kusunoki, M., Iida, S., Nakano, R., Wakitani, M., Niwa, R., Sakurada, M., Uchida, K., Shitara, K., Satoh, M. Establishment of FUT8 knockout Chinese hamster ovary cells: an ideal host cell line for producing completely defucosylated antibodies with enhanced antibody-dependent cellular cytotoxicity. Biotechnology and Bioengineering. 2004 Sep 5; 87(5):614–22.

[6] von Horsten, H.H., Ogorek, C., Blanchard, V., Demmler, C., Giese, C., Winkler, K., Kaup, M., Berger, M., Jordan, I., Sandig, V. Production of non-fucosylated antibodies by co-expression of heterologous GDP-6-deoxy-D-lyxo-4-hexulose reductase. Glycobiology. 2010 Dec; 20(12):1607–18.

[7] Herting, F., Friess, T., Bader, S., Muth, G., Hölzlwimmer, G., Rieder, N., Umana, P., Klein, C. Enhanced anti-tumor activity of the glycoengineered Type II CD20 antibody obinutu-zumab (GA101) in combination with chemotherapy in xenograft models of human lymphoma. Leukemia and Lymphoma. 2013 Dec 5. [Epub ahead of print]

[8] Ryll, T. Mammalian cell culture process for producing glycoproteins, United States Patent 6528286

[9] Ghaderi, D., Zhang, M., Hurtado-Ziola, N., Varki, A. Production platforms for biotherapeutic glyco-proteins. Occurrence, impact, and challenges of non-human sialylation. Biotechnology and Genetic Enginee-ring Reviews. 2012; 28:147–75.

[10] Schiestl, M., Stangler, T., To-rella, C., Cepeljnik, T., Toll, H., Grau, R. Acceptable changes in quality attributes of glycosylated biophar-maceuticals. Nature Biotechnology. 2011 Apr; 29(4):310–2.

[11] Roth, S. Method of Synthesi-zing Saccharide Compositions, WIPO Patent Application WO/1995/002683

[12] Li, B., Zeng Y., Hauser, S., Song, H., Wang, L.X. Highly efficient endoglycosidase-catalyzed synthesis of glycopeptides using oligosaccha-ride oxazolines as donor substrates. Journal of the American Chemical So-ciety. 2005 Jul 13; 127(27):9692–3.

[13] Huang, W., Ochiai, H., Zhang, X., Wang L.X. Introducing N-glycans into natural products through a chemoenzymatic approach. Car-bohydrate Research. 2008 Nov 24; 343(17):2903–13.

[14] Defrees, S. Glycoconjugation of Polypeptides using Oligosaccharyl-transferases, WIPO Patent Applica-tion WO/2009/089396

EICOSANOIDE ALS DIAGNOSTISCHE MARKER

—

HPLC/MS Methodenentwicklung zur sicheren stereospezifischen Trennung relevanter Eicosanoide

Claudia Baldauf

1. AUFGABENSTELLUNG

Zahlreiche epidemiologische Studien haben die Rolle von Eicosanoiden, insbesondere der 12-HETE, für unterschiedliche Krankheitsbilder wie Krebs, Herzkreislauf-, Haut- und neurodegenerativen Erkrankungen herausgestellt [1–5]. Übergeordnetes Ziel ist es, Eicosanoide als sichere diagnostische Marker zu etablieren. Dazu müssen verlässliche und wirtschaftliche Untersuchungsmethoden entwickelt werden. In Zusammenarbeit mit der Firma Lipidomix, einem Speziallabor für Lipidanalytik in Berlin, wird an einer Weiterentwicklung routinefähiger 12-HETE-Analytik gearbeitet. Der Projektpartner zeichnet sich dadurch aus, dass er bereits die erfolgreiche Entwicklung und routinemäßige Anwendung von LC/MS-Applikationen in zahlreichen wissenschaftlichen Projekten realisiert hat.

Jährlich erscheinen mehr als 3.000 Publikationen, die sich mit Fettsäuremetaboliten beschäftigen. Diese werden praktisch in allen Körperflüssigkeiten sowie in Zellkulturen nachgewiesen. Der diagnostische und wissenschaftliche Wert dieser Substanzen ist enorm, jedoch kann das Potenzial aufgrund analytischer Schwierigkeiten und fehlender Vergleichswerte heute noch nicht genutzt werden.

Die Bestimmung erfolgt zurzeit mittels Radio- oder Enzymimmunoassays. Es werden nur wenige chromatografische Verfahren angewendet, denn die Analysen sind durch sehr niedrige Nachweisgrenzen (10–10.000 pg/ml) sowie das Vorkommen zahlreicher Strukturisomere mit sehr ähnlichen chemischen Eigenschaften gekennzeichnet. Keines der Assays ist als Diagnostikum zugelassen. Hinsichtlich der Richtigkeit der Ergebnisse bestehen die üblichen Vorbehalte gegenüber Immunoassays. Daraus resultiert ein Bedarf an neuen, sicheren analytischen Methoden.

Die RP-HPLC-MS^n-Kopplung ist hier die ideale Untersuchungsstrategie, die neben der sicheren Trennung auch die eindeutige Identifizierung der Einzelverbindungen inklusive der Strukturisomerie garantiert. Um dieses Ziel zu erreichen, müssen die biogenen, labilen Verbindungen aus komplizierten Matrices wie Blut, Serum oder Urin in niedrigen Konzentrationen sicher bestimmt werden. Erschwerend kommt hinzu, dass Eicosanoide in jeder Zelle vorkommen. Eine selektive Detektion der jeweils interessierenden Einzelbindung ist dabei eine besondere Herausforderung. Außerdem muss eine Unterscheidung der räumlichen Struktur des einzelnen Eicosanoids gewährleistet sei, damit isomere Verbindungen, die sich wie Spiegelbilder zueinander verhalten (Enantiomere), voneinander unterschieden werden können.

Der Weg, eine routinefähige, robuste Methode mit Hilfe der RP-HPLC-MS^n-Kopplung zu erarbeiten, umfasst zahlreiche Einzelaufgaben: Von der Probenvorbereitung über die Trennungsoptimierung, der Anpassung der Infaceparameter bis zur richtigen massenspektroskopischen Detektion.

Teilbereiche sind bereits erfolgreich gestaltet, jedoch ist der Weg bis zur Methodenvalidierung noch nicht zu Ende.

2. EICOSANOIDE

2.1 BEDEUTUNG UND EIGENSCHAFTEN

Für die Derivate der Arachidonsäure, einer ungesättigten Fettsäure mit 20 Kohlenstoffatomen, wird der Überbegriff Eicosanoide verwendet. Eicosanoide werden im Arachidonsäure-Stoffwechsel enzymatisch aus den mehrfach ungesättigten Fettsäuren Linolsäure (LA) und Alpha-Linolensäure (ALA) gebildet. Sie werden in jeder Körperzelle produziert und wirken lediglich auf die Zelle ihrer Entstehung und auf benachbarte Zellen ein.

Eicosanoide übernehmen zahlreiche Funktionen, z. B. bei Entzündungsreaktionen, der Entstehung von Schmerzen und Fieber, und sind an der Blutdruckregulation, der Blutgerinnung sowie der Regulation des Schlaf-Wach-Zyklus beteiligt. Eine adäquate Zufuhr an essentiellen Fettsäuren beugt einem Ungleichgewicht im Eicosanoid-Stoffwechsel vor und verringert somit auch das Risiko arteriosklerotischer Gefäßerkrankungen. Auch Allergien und Entzündungsreaktionen verlaufen bei einem ausgeglichenen LA-ALA-Verhältnis milder.

Die Arachidonsäure ist die Ausgangssubstanz für eine Kaskade von meist biologisch hochaktiven Metaboliten, die entweder über den Cyclooxygenaseweg, wie die Prostaglandine (PG) oder über verschiedene Lipoxygenasewege gebildet, wie die Leukotriene (LT) oder die **Hydroxyarachidonsäuren (HETE)**, um die es hier geht.

Die Eicosanoide können als Stereoisomere (Enantiomere, Spiegelbilder) auftreten. Diese können sich in ihren biologischen Eigenschaften sehr unterscheiden. So kann ein Enantiomer eine verminderte, fehlende oder qualitativ vollkommen andere Wirksamkeit haben als das jeweilige andere.

2.2 CHROMATOGRAFISCHE TRENNUNG

Es wird eine chirale stationäre Phase verwendet, die die Enantiomere direkt trennt. In dem Fall spricht man von enantioselektiver Chromatografie. Sie hat die Analyse von vielen chiralen Verbindungen ohne spezielle funktionelle Gruppen, die derivatisiert werden könnten, überhaupt erst möglich gemacht.

Es gibt jedoch immer wieder Trennprobleme, da sich kaum Vorhersagen bezüglich der Trennung der Enantiomeren an einer chiralen Phase treffen lassen. So kann z. B. bei strukturell ähnlichen Verbindungen oder innerhalb einer homologen Reihe die Enantiodifferenzierung unterschiedlich sein, und es lässt sich oft nur durch Ausprobieren herausfinden, welche Phase für welche Substanz geeignet ist. Die Firma Lipidomix verfügt über eine große Expertise in der Eicosanoidanalytik und ist bereits heute in der Lage, in einer Messung über 30 Einzelverbindungen enantioselektiv zu trennen und in pg/mL-Bereich zu quantifizieren.

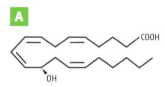

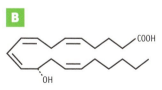

Abbildung 1: a. 12(R)-HETE, b. 12(S)-HETE

2.3 UNTERSUCHUNGEN MIT ESI-IONTRAP

2.3.1 Elektrospray-Ionisation (ESI)

Bei der ESI-MS werden die Analytmoleküle, die in Lösung vorliegen, unter dem Einfluss einer Hochspannung (1-8 kV) sowie eines Stickstoffstroms aus einer Kapillare kommend versprüht, wobei sich zunächst kleine geladene Tröpfchen bilden, die durch Verdampfung des Lösungsmittels kleiner werden. Erreicht der Radius das sogenannte Rayleigh-Limit, zerfallen die Tröpfchen wegen der Abstoßungskräfte zwischen gleichnamigen Ladungen in Coulomb-Explosionen zu kleineren Tröpfchen. Schließlich kommt es zur Bildung freier gasförmiger Ionen.

ESI ist aufgrund der relativ geringen auf die Moleküle wirkenden Energien eine „sanfte" Ionisierungstechnik, sodass selbst empfindliche Moleküle unzersetzt in den Massenanalysator gelangen. Es werden Quasi-Moleküionen detektiert, die bei positiver ESI-Spannung durch Anlagerung und bei negativer ESI-Spannung durch Abstraktioneines Protons gebildet werden ($[M+H]^+$ bzw. $[M-H]^-$).

Die Elektrospray-Ionisation wird meist mit Quadrupol- oder Ionenfallen-Massenspektrometern kombiniert; in diesem Fall mit einem Iontrap 500 der Firma Varian. Es wird mit Flussraten im Bereich von 1-500 µl/min gearbeitet.

2.3.2 Iontrap

Die Ionenfalle (Ion Trap) ist ein Massenanalysator, der aus einer Ringelektrode und zwei Endkappenelektroden mit zentrischen Öffnungen besteht. Die Ringelektrode kann als in sich gebogener, an den Enden verbundener Quadrupolstab verstanden werden. Wenn die entsprechende Radiofrequenzwechselspannung an der Ringelektrode angelegt wird, entsteht ein dreidimensionales, rotationssymmetrisches Quadrupolfeld. Ionen der ausgewählten Masse/Ladungs-Verhältnisse werden in diesem Feld auf stabilen Umlaufbahnen gespeichert, wobei sie durch

Heliumgas gedämpft bzw. fokussiert werden.

Wenn die Amplitude der RF-Spannung erhöht wird, werden die Trajektorien der Ionen in Reihenfolge steigender m/z-Quotienten instabil und die Ionen werden in Richtung Detektor aus der Falle ausgeworfen. Die Ionenfalle arbeitet diskontinuierlich; es wird ein bestimmter Zyklus von Füllung und Massenanalyse durchlaufen. Wegen der hohen Geschwindigkeit kann sie dennoch bei der Online-Detektion verwandt werden.

Man erhält zunächst nur Molekülionen. Zum Erhalt vollständiger Spektren zur Identifizierung und Strukturaufklärung wird eine zusätzliche Gleichspannung angelegt, um die Ionen zu beschleunigen. Durch Kollision mit Helium-Atomen fragmentieren sie dann schonend. Es schließt sich eine sequenzielle Massenanalyse an. Dieser Vorgang kann 3–10mal wiederholt werden (MSn).

Die Ionenfalle erreicht im Full Scan ähnliche Empfindlichkeiten wie ein Quadrupol im SIM-Modus, der SIM allerdings bringt keine entscheidende Steigerung mehr. Die Ionenfallen-MS stellt hinsichtlich ihrer MS/MS-Fähigkeit eine preisgünstigere Alternativezum Triple Quadrupol dar. Dem Nachteil, keine Vorläuferionen- und Neutralverlust-Analyse durchführen zu können, steht als Vorteil die Fähigkeit zur Mehrfach-MS gegenüber.

3. MATERIAL UND GERÄTE

Acetonitril CH3CN für die HPLC	**J. T. BAKER**
Wasser H2O p.A. für die HPLC	**J. T. BAKER**
Methanol CH3OH für die HPLC	**J. T. BAKER**
Ammoniumhydrogencarbonat NH4HCO3p.A.	**SIGMA**
12(R,S)-HETE (12-Hydroxyeicosatetraensäure) in Ethanol	**CAYMAN CHEMICALS**
Eicosanoid-Mix ((+/-)5-, (+/-)8-, (+/-)11-, (+/-)12-, (+/-)15-HETE) in Ethanol	**CAYMAN CHEMICALS**
Chirale Säule LUX®Amylose-2 (ID 2,0 mm x L 150 mm; Partikelgröße 3 µm)	**PHENOMENEX**
HPLC 212 mit PAD Prostar 335	**VARIAN**
ESI Interface	**VARIAN**
Iontrap 5000	**VARIAN**

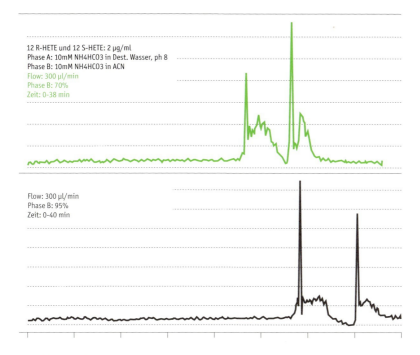

12 R-HETE und 12 S-HETE: 2 µg/ml
Phase A: 10mM NH4HCO3 in Dest. Wasser, ph 8
Phase B: 10mM NH4HCO3 in ACN
Flow: 300 µl/min
Phase B: 70%
Zeit: 0-38 min

Flow: 300 µl/min
Phase B: 95%
Zeit: 0-40 min

ESI-Parameter
Nadelspannung: -5000V
Nebulizer Gas Pressure: 35 psi
Drying gas pressure: 10 psi
Drying gas temperature: 350°C

MS-Parameter:
Precursurion: 319,5 m/z
Product start mass: 103 m/z
Product end mass: 329 m/z
Isolation window 103,3 m/z
Negative Mode
Exication amplitude: 1,31 V

Abbildung 2: LC/MS-Trennung 12 R- und 12 S-HETE

4. ERGEBNISSE

Gegenstand der Methodenentwicklung ist die 12(R,S)-HETE (12-Hydroxyeicosa-tetraensäure) sowie eine Testmischung von 6 HETE-Isomeren, die zunächst als Standardlösungen eingesetzt werden. 12-HETE wurde aufgrund seiner besonderen medizinischen Relevanz als Modellverbindung gewählt **[1–4]**.

4.1 CHROMATOGRAFIE

Mischungen von Wasser und Acetonitril im leicht alkalischen pH-Bereich wurden als geeignet herausgefunden. Auch die Verwendung von Methanol wurde erfolgreich angewendet. Auf derchiralen Phase Cellulose Tris-3-chloro-4-methylphenylcarbamat auf Polysaccharidbasis (LUX® Fa. Phenomenex) konnten R- und S-Form erfolgreich getrennt werden **[siehe Abbildung 1]**.

4.2 ESI-INTERFACE UND IONTRAP

Nach Optimierung der Gasvolumenströme der inneren und äußeren ESI-Nadel wurde im Negative Mode bei einem Volumenstrom von 300µl/min eine Trennung erreicht. Es konnte erkannt werden, dass das Injektionsvolumen ein wichtiger Optimierungsparameter ist, da sowohl die Ionenausbeute im Interface als auch die Beladung der Trap dadurch beeinflusst wird.

Die Iontrap-Einstellungen bieten noch weitere Optimierungsmöglichkeiten, die verwendeten Parameter sind in **Abbildung 2** dargestellt.

5. FAZIT UND AUSBLICK

Die enantioselektive Trennung von 12(R,S)-HETE konnte zunächst mit Hilfe von Standardlösungen realisiert werden. Die Charakterisierung als R- oder S-Stereoisomer lässt unterscheiden, ob das Eicosanoid aufgrund normaler, gesunder Vorgänge entstanden ist oder aufgrund krankhafter Vorgänge wie beispielsweise Entzündungen. Die Möglichkeit die Chiralität der Analyten routinemäßig zu berücksichtigen, stellt damit eine signifikante Qualitätsverbesserung dar und wird zu einem spürbaren Marktvorteil im analytischen Dienstleistungsspektrum führen.

Untersuchungen mit matrixbehafteten Proben sowie die Trennung mehrerer HETE in einem Lauf sind die nächsten Arbeitsschritte, wobei die Möglichkeiten der Iontrap Einstellungen weiter ausgenutzt werden sollten.

Die Methodenentwicklung stellt einen langwierigen Prozess dar, der zurzeit noch nicht abgeschlossen ist. Ist die Methode jedoch einmal eingeführt und validiert, kann sie neben den wirtschaftlichen Vorteilen auch zu der Erzeugung vergleichbarer Spektren und damit zum Aufbau von Bibliotheken führen. Diese ermöglichen dann eine patientenindividuelle, schnelle Interpretation der Untersuchungsergebnisse.

[1] Chiaro CR, Patel RD and Perdew GH: 12(R)-Hydroxy-5(Z),8(Z),10(Z),14(Z)-eicosatetraenoic Acid [12(R)-HETE], an Arachidonic Acid Derivative, Is an Activator of the Aryl Carbon Receptor. Mol Pharmacol 74, 2008; 1649–1656.

[2] Bayer M, Mosandl A, Thaçi D: Improved enantioselective analysis of polyunsaturated hydroxy fatty acids in psoriatic skin scales using high-performance liquid chromatography. J Chromatogr B Analyt Technol Biomed Life Sci. 819(2): 2005; 323–328.

[3] González-Núñez D, Claria J, Rivera F and Poch E: Increased Levels of 12(S)-HETE in Patients With Essential Hypertension. Hypertension37; 2001; 334–338.

[4] Weylandt KH, Krause LF, Gomolka, B, Chiu CY, Bilal S, Nadolny A, Waechter SF, Fischer A, Rothe M, Kang JX: Suppressed liver tumorgenesis in fat-1 mice with elevated omega-3 fatty acids is associated with increased omega-3 derived lipid mediators and reduced TNF alpha. Carcinogenesis 32(6); 2011; 897–903

GESUN
SCHUT

HEITS-

Z &

DESIGN

SAFER SENSE

—

*Gesundheitsschutz
in einer globalisierten Arbeitswelt
als Designherausforderungen*

Birgit Weller

ANFORDERUNGEN AN DEN ARBEITSSCHUTZ

„Vorbeugen ist besser als Heilen." Das Sprichwort trifft den Kern der Herausforderung des Arbeitsschutzes. Doch das ist einfacher gesagt als getan. Die Arbeitsstrukturen verändern sich durch immer komplexere Aufgaben und Szenarien. Stetig neue Geräte, Maschinen, Medien, der zeitliche Arbeitsdruck sowie das globale Agieren fordert Beschäftigte täglich heraus. Für viele Menschen bedeutet dies, dass sie auch schon als junge Menschen an ihre psychischen und körperlichen Grenzen stoßen.

Hiermit steht besonders Europa vor einer großen gesellschaftlichen Herausforderung, aber es ist auch eine Chance. Wenn es gelingt, Produkte, Prozesse und Arbeitsstrukturen umzusetzen, die die Gesundheit des Menschen in den Fokus stellen, werden beispielhafte Unternehmen internationale Vorreiter sein. Im Rahmen des Gesundheitsschutzes ist es zusätzlich wichtig, neben vorhandenen Richtlinien die Menschen zu motivieren, auch selbstständig für den eigenen Schutz zu sorgen.

Anschaulicher wird es, wenn das abstrakte Thema Gesundheit am Beispiel des Schutzes unsere Sinnesorgane betrachtet wird: unsere Sinne helfen uns bei der täglichen Orientierung. Obwohl fast jeder Mensch weiß, dass der Verlust oder die Einschränkung der Sinneswahrnehmung selten zu regenerieren ist, gibt es noch immer eine große Scheu, sich ausreichend zu schützen. So ist fast jeder vierte 18-jährige Jugendliche irreparable gehörgeschädigt! [1] Bei 56 % der Augenverletzungen wurde keine Arbeitsschutzbrille getragen und bei 16 % war die schlechte Passform der Grund für Verletzungen. [2]

[1] Stiftung Warentest | Heft 7/2009, DAK Daten von 2008.

[2] http://www.bgdp.de/pages/service/download/tft/2010/tft-3-2010-S26.pdf, 29.12.2013 | 17:01.

Aber gerade unter dem Aspekt der älter werdenden Gesellschaft, wird es immer wichtiger unsere Sinne und unsere Arbeitsfähigkeit so lange wie möglich zu erhalten, um auch nach dem aktiven Arbeitsleben selbstständig und selbstbestimmt zu leben.

Die gesetzlichen Arbeitsschutzgesetze in Deutschland und Europa sind umfassend. Trotzdem gibt es Barrieren: Schutzbrillen, Handschuhe, Atemmasken und vor allem der Gehörschutz werden nicht regelmäßig und richtig genutzt. Nicht selten sind Passform und Komfort der Schutzausrüstungen für die Nutzer noch immer nicht ausreichend und die ästhetische Komponente zu wenig beachtet.

Mit einer anderen Situation sind wir in produzierenden asiatischen Ländern konfrontiert. Die Berichte über unzureichende Arbeitssituationen und Schutzmaßnahmen von Arbeitern und Arbeiterinnen zum Beispiel in Indien oder Bangladesch, die nicht selten unsere Produkte herstellen, gingen um die Welt. Atemschutz, Gehörschutz, Handschuhe oder Sicherheitsschuhe werden oftmals nicht zur Verfügung gestellt oder werden nicht getragen. Die Gründe sind vielfältig: mangelnde Sicherheitsvorschriften, Zeitdruck, unbequeme oder nicht passende Schutzausrüstungen – wie zum Beispiel fehlende Schutzbrillen, die die ergonomischen Maße asiatischer Gesichter nicht berücksichtigen –, extreme Hitze, hohe Luftfeuchtigkeit, Maschinen, deren Bedienung für die Nutzung von Schutzausrüstungen nicht konzipiert wurde, und die mangelnde Aufklärung über die gesundheitlichen Folgen der Nichtbenutzung. Dieser unzureichende Arbeitsschutz führt zu vermeidbaren sozialen Missständen und Konflikten.

ARBEITSSCHUTZ EIN ZENTRALES THEMA IM DESIGN

„Seit der Industrialisierung liefen die industriellen Systeme auf Hochtouren, um möglichst effizient Produkte in Massenfertigungen zu produzieren. Die Zielstellung war ein möglichst großer ökonomischer Gewinn sowie die Befriedigung von Massenbedürfnissen." **[3]** Die Arbeitsbedingungen in Europa haben sich stetig verbessert, die Löhne stiegen und die Produktionsstätten wurden in den asiatischen Raum verlegt. Doch das Sprichwort „Aus den Augen aus dem Sinn" ist in diesem Fall weder sozial noch ökonomisch nachhaltig.

Design beschäftigt sich mit der ganzheitlichen Gestaltung von Produkten und Prozessen. Das heißt, Design beinhaltet nicht nur die Gestaltung des Endproduktes, sondern ebenso die Gestaltung des Produktionsprozesses, der Nutzungsphasen sowie der Entsorgung. Ziel jeder Entwicklung muss die Verbesserung der Lebensbedingungen des Menschen sein. Dies beinhaltet konkrete Veränderungen in allen Bereichen der Planung und Gestaltung von Produkten, Objekten, Lebens- und Arbeitsräumen und muss zukünftig noch mehr im globalen Kontext betrachtet werden. Die Arbeitsbedingungen – unabhängig vom Produktionsort – müssen ein selbstverständlicher Teil der Gestaltung sein.

Die Analyse steht am Anfang jeder Entwicklung. Hierbei geht es nicht um die Analyse eines Produktes. Arbeitsprozesse, Arbeitsabläufe, Kom-

[3] Notizen zum Thema Universal Design, Hg. IDZ Berlin, K. Hinz, C. Horsch, I. Kraus, P. Züllich, 2011; Diversityneeds Universal Design, B.Weller, S.28, ISBN 978-3-9811519-4-7.

Foto: Jannina Kluge

Abbildung 1: Safety is every bodies responsibility!
Indien, Bangalore Peenya

munikationsprozesse oder Belastungssituationen der Menschen dürfen nicht abstrakt untersucht werden, sondern auf Basis gezielter Beobachtungen, Befragungen und der Einbeziehung aller beteiligten Akteure.

Den Menschen wieder in den Mittelpunkt der Entwicklung zu stellen, bedeutet technische Abläufe und die Effizienz im Arbeitsprozess neu zu definieren. Fragestellungen mit dieser Zielsetzung sind dann zum Beispiel folgende: Wo und warum schützen wir unsere Haut, die Augen oder das Gehör im Arbeitsprozess unzureichend? Wo entstehen die größten Stresssituationen für MitarbeiterInnen? Welche körperlichen Belastungen führen zur Überbeanspruchung von Muskeln und Gelenken? Wie können wir Menschen dazu bewegen entsprechende Schutzbrillen, Ohrschutz, Handschuhe etc. zu tragen – auch in Ländern ohne ausreichende gesetzliche Vorschriften? Wie müssen diese Dinge gestaltet sein? Was müssen sie kommunizieren? Welche neuen Materialien könnten eingesetzt werden? Gibt es Möglichkeiten der Integration in Kleidung oder andere Dinge? Welche technischen Möglichkeiten bestehen? Wie können wir motivierenden Arbeitsschutz gestalten.

Aber natürlich geht es nicht nur um den Schutz unserer Sinne. Arbeitsbedingungen zu gestalten, die Menschen in möglichst vielen produzierenden Ländern mit und ohne körperliche oder psychische Beeinträchtigungen das sichere Arbeiten ermöglicht, ist eine gesellschaftliche Herausforderung. Unternehmen/Institutionen müssen umdenken. Bisherige Produkte, Maschinen und Prozesse werden zukünftig neuen Kriterien standhalten müssen: im Vordergrund steht die

Foto: Jannina Kluge

Abbildung 2: Lampenproduktion in Indien ohne Arbeitsschutz
Indien, Pondicherry

sichere und intuitive Nutzung von Menschen unterschiedlicher Nationalitäten, Kulturen, Religionen, unterschiedlichen Alters und Bildungsniveaus. Es geht hier also nicht mehr ausschließlich um die effizienteste Methode, Prozesse und Produkte zu gestalten, sondern darum, vorrangig die effektivste Methode zu entwickeln und erst nachrangig die effizienteste Methode der Gestaltung auszuwählen. Oder kurz: erst die richtigen Dinge tun und dann diese Dinge richtig tun. **[4]**

UNIVERSAL DESIGN THINKING ALS LÖSUNGSSTRATEGIE

Nur interdisziplinäre Entwicklungsteams, bestehend aus Ingenieuren, Soziologen, Medizinern, Konstrukteuren, Arbeitswissenschaftlern, Ergonomen ... und Designern können GEMEINSAM ganzheitliche und zukunftsweisende Lösungen erarbeiten.

Die Hochschule für Technik und Wirtschaft verknüpft die Kriterien des Universal Design mit der Methode des Design Thinkings zum Universal Design Thinking (UDT). Voraussetzung für UDT sind sensible, emphatische und interdisziplinär handelnde Teams. **[5]**

Universal Design Thinking stellt den Menschen in seiner Vielfalt in den Mittelpunkt und bezieht die Nutzer in die Entwicklung ein. Ziel ist es, die Komplexität der Lösungen zu reduzieren, die Fehlertoleranz zu erhöhen, die Bedienung intuitiv zu gestalten und für individuelle Anforderungen adaptierbar zu machen, um die Belastung jedes Einzelnen zu reduzieren. Neue Materialien und Technologien im Arbeitsschutz einzusetzen, stellen im internationalen Kontext bisher die Ausnahme dar. Lösungen für die verändernden betrieblichen Kommunikationsformen und die damit verbundenen Be- und Überlastungen der Beschäftigten – z.B. durch die Kommunikation in verschiedenen Zeitzonen oder die Bewältigung der Menge an Nachrichten und Informationen – sind noch nicht erarbeitet.

Das Bewusstsein für Auswirkungen des Arbeitsschutzes auf die Gesellschaft wird sich erweitern. Dies gelingt nur, wenn die Produkte auf Nutzungssituationen reagieren, den gleichen Nutzungskomfort aufweisen, wie wir es im Freizeitsektor gewohnt sind und eine vergleichbare ästhetische Qualität besitzen. So ist beispielsweise ein intelligenter Gehörschutz, der auf unterschiedliche Frequenzen reagiert, derzeit kaum auf dem Markt zu finden, sehr teuer und wird damit auch nur in wenigen Unternehmen eingesetzt, obwohl die Technologie längst massentauglich ist und nahezu jedes Handy die Technologie nutzt.

FAZIT
Der Bereich des Arbeitsschutzes als Thema für Entwickler und Gestalter wird in den nächsten Jahren auf Grund der demografischen Entwicklung, der vielfältigen Produktionsorte sowie der globalisierten Kommunikations- und Arbeitsprozesse an Bedeutung gewinnen. Interdisziplinäre und internationale Teams können durch intelligente Produktkonzepte unter Einsatz neuer Materialien und Technologien den Gesundheitsschutz befördern und motivierend tätig werden. Nicht mehr der Stuhl oder die Arbeitsschutzbrille sind neu zu gestalten, sondern die Interaktion zwischen den Produkten und Menschen – oder anders formuliert: erst ist der ganzheitliche Arbeits- und Produktionsprozess zu gestalten und anschließend die Dinge.

[4] http://de.wikipedia.org/wiki/Effektivit%C3%A4t, 29.12.2013 | 16:23.

[5] Notizen zum Thema Universal Design, Hg. IDZ Berlin, K. Hinz, C. Horsch, I. Kraus, P. Züllich, 2011; Universal Design – Design for All in Germany, S.41 ff., ISBN 978-3-9811519-4-7.

ENTWICKLUNG VON TECHNOLOGIEN ZUR INTEGRATION FUNKTIONALER ELEMENTE IN BEKLEIDUNG ZUR STABILISIERUNG DES BEWEGUNGS- UND STÜTZAPPARATES DES MENSCHEN IM ARBEITSPROZESS

Elke Floß | Melanie Bley

ABSTRACT

In Zeiten des demografischen Wandels und der damit einhergehenden Verlängerung der Verweildauer eines Erwerbstätigen in der Arbeitswelt sollte der Erhalt der körperlichen Arbeitsfähigkeit eines der höchsten Ziele sein. Dementsprechend befasst sich dieses Projekt mit der Entwicklung einer interaktiven Methode zur schnitttechnischen Gestaltung und fertigungstechnischen Lösungen funktionaler, körpernaher Arbeitsunterbekleidung, die aufgrund ihrer spezifischen Konstruktion und Umsetzung typische Bewegungssequenzen im Arbeitsprozess unterstützt und Überanstrengung vorbeugt. Hierzu wird nach vorheriger Analyse, Segmentierung und Priorisierung geeigneter Bewegungssequenzen sowie der Analyse von Beeinflussungsmöglichkeiten des Sehnen- und Muskelapparates durch textile Lösungen ein Baukastensystem interaktiver Elemente erstellt. Auf diese Weise wird ein Instrument entwickelt, welches eine wirtschaftliche Anpassung der Arbeitsunterbekleidung an spezielle Arbeitsgegebenheiten ermöglicht und die individuellen Bedürfnisse des arbeitenden Menschen in den Vordergrund rückt.

1. RELEVANZ DES THEMAS

„Körperliche Arbeit ist auch in der heutigen, vorwiegend auf Dienstleistung orientierten Gesellschaft aus vielen Bereichen (Industrie, Landwirtschaft, private Haushalte oder Logistik) nicht wegzudenken. Häufig auftretende Beschwerden und Schädigungen des Muskel-Skelett-Systems, u. U. auch Berufskrankheiten (z. B. BK 2108), deuten darauf hin, dass Kräfte jenseits eines Erträglichkeitsniveaus ausgeübt werden." **[1]**

[1] Siehe [DGU09].

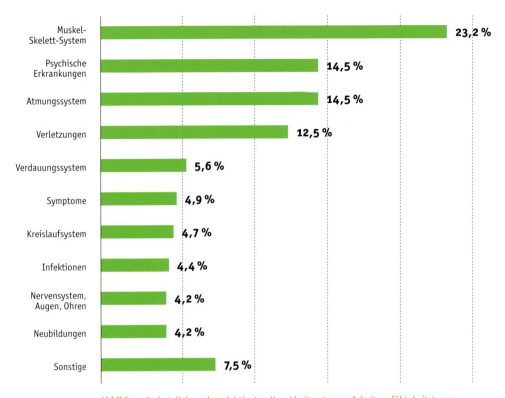

Quelle: AU-Daten der DAK-Gesundheit 2012

Abbildung 1: Anteil der zehn wichtigsten Krankheitsarten an Arbeitsunfähigkeitstagen

Diese, im BGIA Report 3/2009 im Rahmen der Entwicklung eines „montagespezifischen Kraftatlas" formulierten Aussage, spiegelt einen entscheidenden Aspekt des modernen Arbeitsprozesses wider: Trotz zunehmender sitzender Tätigkeit leidet ein erheblicher Teil der arbeitenden Bevölkerung an den Folgen einseitiger, monotoner Bewegungsabläufe und zwangshaltungsbedingter Abnutzungserscheinungen.

Folgen dieser Entwicklung zeigen sich im aktuellen DAK-Gesundheitsreport 2013, wonach Erkrankungen des Muskel-Skelett-Systems mit 23,2% den größten Anteil am Krankenstand aufweisen und mit 15,5% die zweithäufigste Ursache für Arbeitsunfähigkeitstage darstellen **[siehe Abbildung 1]. [2]**

Gelingt es nun durch die Entwicklung und Anwendung funktionaler, körpernaher Arbeitsunterbekleidung die körperliche Belastung, die durch monotone, einseitige Bewegungen im Arbeitsprozess entsteht, zu reduzieren, birgt dies ein enormes präventives, aber auch wirtschaftliches Potential. Entsprechende Ansätze würden nicht nur zur Verbesserung der Arbeitsbedingungen und Erhöhung des persönlichen Wohlbefindens führen, sondern gleichzeitig zur Verminderung krankheitsbedingter Ausfälle. Dies wiederum steigert die Produktivität und sorgt zudem für den langfristigen Erhalt geschulter Arbeitskräfte.

[2] Siehe [IGE13].

[3] Siehe [KEM].

Quelle: Siehe [KEM].

2. ZIELSTELLUNG

Ziel dieses Projektes ist es, auf Basis bisher gesammelter empirischer Erfahrungswerte und noch zu schaffender, wissenschaftlich fundierter Grundlagen eine Technologie zur Herstellung von Bekleidungsteilen zu entwickeln, die aufgrund ihrer funktionalen Gestaltung den menschlichen Bewegungs- und Stützapparat stabilisiert. Insbesondere wird eine Prävention vorzeitiger Ermüdung beanspruchter Muskelpartien beziehungsweise Schmerzentwicklung

Abbildung 2: Kinesiohose

bei einseitigen, monotonen Bewegungsabläufen angestrebt. Anzuwenden sind diese Technologien zur Umsetzung verbessernder Methoden, die auf den Erhalt der Arbeitskraft und damit auf die Optimierung der Arbeitsprozesse abzielen.

Basierend auf Erkenntnissen der Musterentwicklung einer Sporthose **[siehe Abbildung 2]** die durch spezielle Stricktechniken die Wirkungsprinzipien der Kinesio-Therapie im bekleidungstechnischen Kontext adaptierte, sollen durchgängige, alle Herstellungsstufen umfassende Verfahren erarbeitet werden, die eine reproduzierbare und qualitätsgerechte Produktion gewährleisten. **[3]**

3. UMSETZUNG

Die konkreten Ziele des Projektes gliedern sich wie folgt:

– Analyse und Clusterung signifikanter Belastungszustände und Bewegungsabläufe im arbeitsspezifischen Kontext
– Priorisierung spezifischer Belastungsszenarien
– Erarbeitung effektiver Beeinflussungsmethoden zur Reduzierung/Vermeidung bewegungsbedingter Ermüdungserscheinungen oder Verletzungsrisiken im Arbeitsprozess unter Berücksichtigung bio-mechanischer Beeinflussungsmöglichkeiten
– Programmierung parameterisierter Standardmodule zur Realisierung funktionaler Elemente
– Erstellung eines Modulbaukastens unterteilt in die Bereiche Wirkungsort, Beeinflussungsmethode und Standardmodul
– Theoretische Diskussion geeigneter Kombinationsmöglichkeiten unterschiedlicher Verfahren der Maschenbildung zur Gewährleistung optimaler Unterstützung von Bewegungsabläufen, sensorischer Oberflächenstimulation und bekleidungsphysio-

logischer Feuchtigkeitsmanagements
– Design- und fertigungstechnische Umsetzung von
Protoypen mit Hilfe eines entwickelten Baukastensystems
zur effizienten Kombinierung funktionaler Elemente

Die Umsetzung dieser Funktionalitäten ist abhängig von der Berücksichtigung unterschiedlicher Parameter, die sich aus der Analyse der Beeinflussungsfelder, den Unterstützungsmöglichkeiten und deren technischen Umsetzung ergeben. Hierzu ist es notwendig kritische Bewegungsabläufe zu erkennen, sie in ihrer Spezifik zu analysieren und Ansatzpunkte zur Unterstützung zu finden.

Um speziell auf die bewegungstypischen Bedingungen eingehen zu können, sind zunächst komplexe Tätigkeitsabläufe zu segmentieren, Grundprinzipien der Bewegung zu abstrahieren und verallgemeinerte Prinzipien-Cluster zu erarbeiten. Dies führt zur Ermittlung folgender Parameter:

– Bewegungsablaufcharakteristik
– Beanspruchungsbereiche des Sehnen- und
Muskelapparates
– Priorisierung der Bewegungssegmente im Hinbilck
auf den Grad der Belastung

Anschließend werden Methoden zur Beeinflussung der priorisierten Bewegungssegmente erarbeitet. Hierbei sind folgende Parameter zu beachten:

– Art der Beeinflussung (z.B. Stimulation,
Stabilisierung, Unterstützung der Rückbewegung)
– Position funktionaler Elemente
– Maße der funktionalen Elemente

Der Fokus der praktischen Erarbeitung lieg in der Erstellung eines anwendungsspezifischen, flexiblen Baukastensystems, aus dem unter Berücksichtigung spezifischer Bewegungsmerkmale funktionale Elemente zusammengestellt werden, um berufsbedingten Ermüdungserscheinungen vorbeugen zu können.

Zunächst sind hierzu die Identifikation anthropometrischer Charakteristika und deren schnitttechnischer Transfer zur eindeutigen Positionierung funktionaler Elemente notwendig. Dies wird unter Einsatz dreidimensionaler Body-Scan-Verfahren realisiert. Zur Lokalisierung bewegungsspezifischer Muskel- und Sehnenbereiche werden entsprechende Methoden und eine angepasste Testumgebung erarbeitet. Gleichzeitig wird ein Transfer der gewonnenen Messdaten in ein geeignetes Größen- und Typensystem, welches unter Nutzung anthropometrischer Reihenmessdaten erstellt wird, angestrebt.

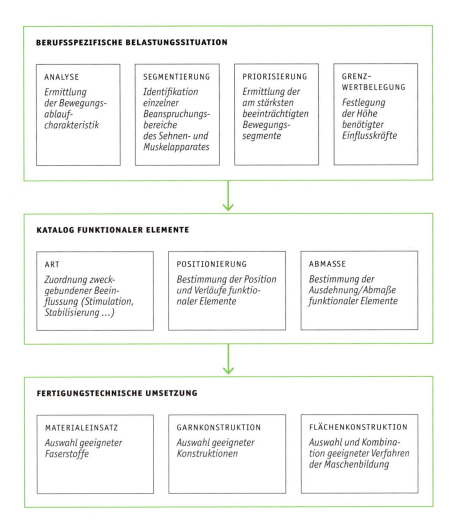

Abbildung 3: Prozessbezogene Parameter

Weiterhin ist ein Katalog funktionaler Elemente zu konzipieren, der folgende Dimensionen vereint:

- Arbeitsspezifische Bewegungssequenzen, die durch eine textile Lösungen unterstützt werden können
- Möglichkeiten der Unterstützung
- Schnitttechnische Positionierung in der textilen Lösung
- Dimensionierung der textilen Lösung

Anschließend sind interaktive Module im Schnittsystem Grafis zu erstellen, die aufgrund parametrischer Programmierung die schnitttechnische Abbildung der funktionalen Elemente des Kataloges ermöglichen. Sie werden in virtuellen Mustergestaltungen erprobt, die auf charakteristische Belastungsszenarien abgestimmt sind. Zu diesem Zweck ist im Vorfeld eine virtuelle, dreidimensionale Simulationsumgebung in entsprechenden CAD-Programmen zu entwickeln.

Zusammenfassend wird ein abstrahiertes Baukastensystem unterschiedlicher wirkungs- und positionsabhängiger Gestaltungslösungen erarbeitet, welches basierend auf die arbeitsspezifischen Belastungssequenzen eine modulare Produktentwicklung ermöglicht [siehe Abbildung 3].

4. CHARAKTERISIERUNG DES INNOVATIVEN KERNS DES PROJEKTES

Erstmalig wird die Entwicklung einer Technologie zur Konzipierung standardisierter, körpernaher Arbeitsunterbekleidung entwickelt, die aufgrund der Integration funktionaler Elemente den menschlichen Bewegungs- und Stützapparat während spezifischer Arbeitsbewegungen entlastet.

Einzigartig ist hierbei nicht nur der Ansatz, flexibel auf signifikante Belastungssituationen im Arbeitsprozess reagieren zu können und damit Ermüdungserscheinungen gezielt zu reduzieren, sondern gleichzeitig eine wissenschaftliche Fundierung durch Berücksichtigung bio-mechanischer Analysen zu garantieren.

Gleichzeitig werden in der anschließende Optimierungs- und Eruierungsphase erstmalig unter wissenschaftlichen Gesichtspunkten die Möglichkeiten einer umfassenden Beeinflussung des Muskel- und Stützapparates durch eine textile Lösung ermittelt und ihre Wirksamkeit untersucht. Auf diese Weise werden zukünftig Produkte entwickelt werden können, die auf gegebene Belastungsprofile spezialisiert sind und deren Wirkung wissenschaftlich belegt ist.

Dies eröffnet nicht nur neue Verkaufsargumentationen und Marketingstrategien, sondern birgt ein tatsächliches Präventionspotenzial.

Literaturverzeichnis

[DGU09]
Deutsche Gesetzliche Unfallversicherung (Hg.): BGIA-Report 3/2009. Der montagespezifische Kraftatlas. Berlin 2009, S. 3. Abrufbar im Internet. URL: http://www.dguv. de/medien/ifa/de/pub/rep/pdf/ reports2009/biar0309/report_0309. pdf. Stand: 17.06.2013.

[IGE13]
IGES Institut GmbH (Hg.): DAK-Gesundheitsreport 2013. Berlin 2013, S. 17. Abrufbar im Internet. URL: http://www.dak.de/dak/download/ Vollstaendiger_bundesweiter_Gesundheitsreport_2013-1318306.pdf. Stand: 17.06.2013.

[KEM]
Andreas Kempter: kinesiowear. Das KinesioTape zum Anziehen. Abrufbar im Internet. URL: http://static. riedeltextil.de/download/Kinesio-Wear2.pdf. Stand: 17.06.2013

GENERATIONS-ÜBERGREIFENDE PRODUKTE?

—

Ja, aber mit sinnvollem technischen Inhalt und geeigneter Handhabung

Katrin Hinz | Gerhard Hörber | Andrea Schuster

12. koordinierte Bevölkerungsvorausberechnung, 2009.

IM JAHR 2060 WIRD JEDER DRITTE ÜBER 65 JAHRE ALT SEIN.

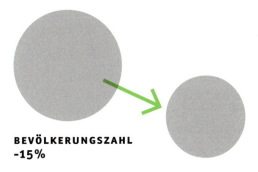

**BEVÖLKERUNGSZAHL
-15%**

Abbildung 1: Demografischer Wandel in Zahlen

Deutschlands Bevölkerung wird älter, bunter und weniger. Diese demografische Entwicklung in Deutschland, der medizinisch-technische Fortschritt sowie das wachsende Bewusstsein der Konsumenten, dass Technik für den Menschen und nicht umgekehrt konzipiert sein soll, führen zu einer erhöhten Nachfrage an generationsübergreifenden Produkten.

Die Älteren von heute (und von morgen) haben auch ein anderes Altersempfinden. Sie fühlen sich im Schnitt jünger und bringen dies durch einen aktiven Lebensalltag zum Ausdruck. Es verschiebt sich also nicht nur der prozentuale Anteil der Älteren, sondern auch deren Teilhabe z.B. am Berufsleben.

Dies ist nur einer der Gründe, warum Produkte und Dienstleistungen eine neue Demografiefestigkeit aufweisen müssen, d.h. sinnvolle Technik mit nachvollziehbarem Mehrwert. Aber was bedeutet demografischer Wandel und welche Veränderungen und Trends sind von Bedeutung für generationsübergreifende Produkte von morgen?

Quelle: Umfrage des Projektes MAAL 2013.

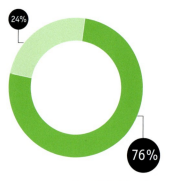

24%

76%

**UNTERNEHMEN IM
BEREICH TECHNIK ...**

... haben Interesse an MAAL als
Weiterbildung für ihre Belegschaft

Abbildung 2: Interesse
von Unternehmen an AAL

der Befragten geben an,
dass die Auseinandersetzung
mit Demografie einen ent-
scheidenden Einfluss auf ihren
Unternehmenserfolg habe.

70%

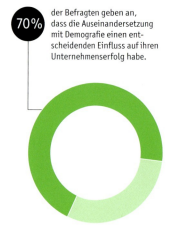

Abbildung 3: Bedeutung
des demografischen Wandels für
die Wirtschaft

Quelle: Towers Watson (2013): Studie Demografischer Wandel – Status Quo und Herausforderungen für Unternehmen in Deutschland und Österreich. Online im Internet:

Unter dem Begriff Ambient Assisted Living (AAL) werden Produkte und Dienstleistungen zusammengefasst, die den Menschen technisch unterstützen sollen. Produkte, die sich nahtlos in den Alltag der Menschen einfügen und die in ihrer Einfachheit und Intelligenz, fehlende oder geschädigte Sinne des Menschen in allen Lebensabschnitten alltagstauglich ergänzen. Technik für Menschen – egal welches Alter, Handicap oder Geschlecht.

Im Rahmen einer Evaluation bei führenden Unternehmen im Bereich Sozialwesen, Design und Technik in Deutschland haben sich Unternehmen positiv zu AAL ausgesprochen. 76% der befragten Unternehmen finden AAL als Thema interessant. Insgesamt wurden 39 namenhafte Unternehmen in Deutschland befragt, darunter allein 25 aus der Technikbranche.

Durch die Umfrage wurde bekannt, dass fast allen befragten Unternehmern aus dem Bereich Design Ambient Assisted Living ein Begriff ist; allerdings scheitert die stetige Umsetzung an fehlenden Fachkräften.

Unabhängig von der Branche klagten viele Unternehmen über zu wenige Fachkräfte aus dem Bereich AAL.

Was derzeit unter dem Label Ambient Assisted Living entwickelt wird, bezieht sich meist auf den Pflegebereich oder fokussiert eine „Zielgruppe Senioren". Dabei sind in Zukunft generationsübergreifende Produkte notwendig, die Alle ansprechen.

Im Projekt MAAL wurde in einer Untersuchung die Tendenz festgestellt, dass der demografische Wandel bereits jetzt alle Bereiche des Wirtschaftsalltags erreicht hat. **[siehe Abbildung 2]**

Dieses Ergebnis wird auch von einer Umfrage von Towers Watson bestätigt. **[siehe Abbildung 3]**

Die Untersuchungen von MAAL fokussieren hier generationsübergreifende Produkte im Kontext AAL. Dies steht für Produkte und Dienstleistungen, die ein möglichst altersunabhängiges, selbstbestimmtes Leben ermöglichen. Sie sollen hilfreich für einige, komfortabel für viele und attraktiv für alle sein. Dinge des alltäglichen Bedarfs, mit einfacher Handhabung, klar ersichtlicher Bedienung oder verständlicher Anleitung. Alles Merkmale, die den Alltag für manche erleichtern, aber fast alle als Zielgruppe einschließen **[1]**. Die Ausgangslage für die Entwicklung solcher Produkte ist dafür an der HTW Berlin nahezu ideal: Sensortechnik im Fachbereich 1, Produktentwicklung im Fachbereich 2 oder Industrial Design im

[1] Beispiele hierfür sind die bodenebene Dusche oder der Trolley. Beide wurden ursprünglich für Menschen mit Handicap entwickelt und hatten aufgrund ihrer stigmatisierenden Wirkung keinen Erfolg bei der Zielgruppe. Erst die altersunabhängige Vermarktung machte diese Produkte zu einem wirtschaftlichen Erfolg und eine echte Unterstützung für die eigentlichen Adressat/-innen.

[2] Der Studiengang wurde vom BMBF unter dem Kennzeichen 16SV5496 gefördert.

[3] Mehr Informationen unter: http://maal.htw-berlin.de [Stand: 21.01.2014].

Fachbereich 5, um nur einige Disziplinen zu nennen, die für die technische Entwicklung von generationsübergreifenden Produkten und ihre (möglichst) intuitive Bedienung notwendig ist.

Das Thema ist so zukunftsweisend, dass ein ganzer Studiengang dafür entwickelt wurde, um die vorhandenen Kompetenzen und Wissensvorsprünge in diesem Bereich nachhaltig zu erhalten und an Studierende weiterzugeben. **[2]**

Der berufsbegleitende Masterstudiengang Ambient Assisted Living **[3]** hat das Ziel (Produkt-) Entwickler und Designer auszubilden, um interdisziplinär Produkte und Dienstleistungen zu kreieren. Als dritte Gruppe sind auch Humanwissenschaftler erwünscht, um die Bedürfnisse von Menschen mit Handicaps im richtigen Umfang einfließen zu lassen.

PRODUKTE FÜR MORGEN

Zukünftige Produkte müssen nach Untersuchungen des Projektes MAAL noch mehr die Nutzer/-innen der Altersgruppe 55+ einbeziehen. Durch gezielte sog. Usability-Tests können vorab die Merkmale, Funktionen und Handhabung erprobt werden. Beispielsweise unterschiedliche Sehstärken, Farberkennungen, Haptik, Funktionalität oder intuitive Bedienbarkeit.

Ein weiteres Ergebnis war das oftmals fehlende Kommunizieren des Nutzens für die Käufer/-innen. Stattdessen werden technische Merkmale beschrieben; Beispiel Seniorenhandy: Als Ersatz für diese eher stigmatisierende Bezeichnung, wäre es günstiger die Beschreibung „große Tasten", „einfache Bedienung", „lange Akkulaufzeit" etc. zu verwenden.

Es gibt allerdings noch mehr Forschungsfragen, die im Laufe des Projektzeitraums untersucht wurden:

- Welche zweckmäßigen Funktionen muss ein Produkt besitzen, um generationsübergreifend einsetzbar zu sein?
- Ist alles technisch Machbare auch sinnvoll?
- Sind es übersichtliche Interfaces oder eine logische Datenverknüpfung und -menge, die im Hintergrund die Produkte intuitiv bedienbar erscheinen lassen?

Im Projekt MAAL werden dabei unterschiedliche Bereiche untersucht. Exemplarisch werden hier einige Themen kurz erläutert.

ARBEITSWELTEN IN 30 JAHREN

In MAAL wurde untersucht, wie die Arbeit der Zukunft aussehen wird, wenn aufgrund des demografischen Wandels weniger Arbeitnehmer, davon mehr Ältere, eine höhere Sprachenvielfalt und Menschen mit mehr Handicaps den Berufsalltag prägen.

Es wurden verschiedene Szenarien entwickelt, die in unterschiedliche Module für die Studierenden eingebunden wurden.

WOHNEN UND MOBILITÄT IM DEMOGRAFISCHEN WANDEL

In Untersuchungen im Hinblick auf das Wohnen der Zukunft wurden unterschiedliche Aspekte herausgearbeitet:

- Wohnen soll nicht stigmatisierend als „Seniorenwohnung" oder „Behindertenwohnung" bezeichnet werden. Vielmehr soll der Nutzen für die potenziellen Mieter bzw. Besitzer herausgestellt werden (z. B. ebenerdige Dusche, höhenverstellbare Küche)
- Wohnen soll Lebensraum für Alle bieten, dazu müssen flexiblere Gestaltungsmaßstäbe angesetzt werden. Beispielsweise brauchen Jüngere im Flur Stellplätze für Fahrrad oder Kinderwagen während später dieser Stauraum für Rollstuhl oder Rollator genutzt werden kann.
- Wohnen soll bezahlbar sein, deshalb müssen Finanzierungen für die energetische Sanierung und für generationsübergreifende Umbauten sinnvoll kombinierbar sein.

Ein wichtiger Gesichtspunkt wird in Zukunft die Interaktion zwischen Mensch und Technik sein. Wie ist ein solches Zusammenspiel zu gestalten? Und ist es nicht auch eine Frage des „Ob" statt nur des „Wie"?

MENSCH/TECHNIK-INTERAKTION ALS
UNTERSTÜTZUNG FÜR SELBSTÄNDIGES LEBEN

Die unter dem Begriff „Smart Home" bekanntgewordene vernetzte Wohnwelt ist wohl das bekannteste Beispiel für Mensch/Technik-Interaktionen. Hausautomation, Haushaltstechnik, Konsumerelektronik und Kommunikation werden an den Bedürfnissen der Bewohner orientiert und vernetzt. Bislang gibt es in diesem Bereich lediglich Insellösungen, die die Kunden an spezielle Hersteller binden. Erheblicher Forschungsbedarf besteht noch bei Energiemanagement und wartungsfreiem Betrieb dieser vernetzten Systeme.

Quelle: Studiengang Ambient Assisted Living, Modul 7 „Enabling Technologies"

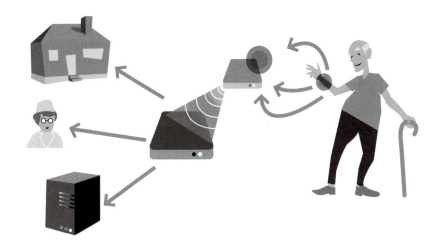

Abbildung 4: Unterstützende Technik für mehr Selbständigkeit

Im Bereich „Smart Home" entsteht ein völlig neues Berufsbild, dass auch in MAAL untersucht wurde. Kenntnisse in den Bereichen Elektrotechnik, Telematik, Informatik sind ebenso wichtig wie Gerontologie und Design. Produktanbieter in diesem Bereich sollten Vitaldatenmessung, Notrufsysteme ebenso modular anbieten können, wie einen automatischen Datentransfer zum Hausarzt oder nächstgelegenen Supermarkt.

ZUSAMMENFASSUNG UND FAZIT

Der demografische Wandel zeigt in Europa bereits erste Auswirkungen. Anstatt Älterwerden als Last zu empfinden, muss es endlich als das kommuniziert und gelebt werden, was es eigentlich darstellt: Die wunderbare Möglichkeit, in einer bunteren, älteren und generationsübergreifenden Gesellschaft zu leben. Damit Menschen möglichst lange am Alltag teilnehmen können, sind Produkte und Dienstleistungen zu entwickeln, die niemanden ausgrenzen und alle Branchen und Lebensbereiche berücksichtigen. Das Forschungsprojekt MAAL hat als Ergebnis einen berufsbegleitenden Studiengang Ambient Assisted Living entwickelt, der erstmalig in Deutschland Ingenieure, Designer und Humanwissenschaftler zu Expert/-innen für generationsübergreifende Produkte und Dienstleistungen ausbildet.

Gefördert durch:

 Bundesministerium
für Bildung
und Forschung

BIOTECH
&
MEDIZIN

IOLOGIE

ECHNIK

INNOVATIVE BIOKATALYTISCHE PRODUKTIONS- VERFAHREN

—

Erschließung neuer pharmazeutischer Produktklassen und Ressourcenschonung

Anja Drews | Lisa Schumacher | Tina Skale

MOTIVATION

Eine Vielzahl von hoch interessanten Substanzen, u. a. pharmazeutische Wirkstoffe oder deren Vorstufen, ist heute industriell nicht oder nur in geringem Maße synthetisierbar, da diese Substanzen und/oder ihre Ausgangsstoffe kaum wasserlöslich, die zur Synthese erforderlichen Biokatalysatoren jedoch auf Wasser angewiesen sind. In herkömmlichen einphasigen Systemen, also in rein wässrigen oder rein organischen Lösungen, sind Umsatz und Ausbeute aufgrund der jeweils schlechten Löslichkeit bzw. der Inaktivierung des Katalysators demnach gering. Stattdessen ist also der Einsatz mehrphasiger Reaktionssysteme erforderlich. Trotz intensiver F&E-Arbeit kämpft die Biokatalyse in solchen Mischungen aus wässriger und organischer Phase jedoch immer noch mit gravierenden Problemen wie geringen Raum-Zeit-Ausbeuten, schlechten Katalysatorstabilitäten und hohen Stofftransportlimitierungen. Für eine großtechnische Umsetzung eines mehrphasigen Reaktionsprozesses sind zudem die Scale-Up-Fähigkeit und die Abtrennbarkeit der Produkt- von der Katalysatorphase von essenzieller Bedeutung.

Ziel der hier vorgestellten Arbeiten ist es diese Probleme durch Entwicklung neuartiger Verfahren, die erstmals sowohl eine hohe Produktausbeute als auch nach erfolgter Reaktion eine gute Abtrennbarkeit des Produkts vom Katalysator ermöglichen, zu überwinden. Die hohe Ausbeute kann einerseits durch geeigneten Phasenkontakt und andererseits durch je nach Ansprüchen des Biokatalysators geeignete Prozessführung erzielt werden. In Kooperation mit der TU Dresden werden dazu sogenannte Pickerung-Emulsionen (PE) [1,2], die anstelle von Tensiden durch Mikro- oder Nanopartikel stabilisiert werden, untersucht. Deren Einsatz für die Biokatalyse wurde erstmals 2011 beschrieben [3]. In den verwendeten Wasser-in-Öl (w/o-) Emulsionen liegt der Katalysator in den emulgierten Wassertröpfchen vor, während Edukte sowie Produkte sich im Wesentlichen in der kontinuierlichen organischen Phase befinden. Die produkthaltige organische Phase lässt sich später mittels Ultrafiltration (UF) wieder aus der Emulsion abtrennen und der Katalysator wiederverwenden bzw. im kontinuierlichen

[1] Pickering S.U. (1907), Emulsions, Journal of the Chemical Society, Transactions, 91, 2001–2021.

[2] Binks B.P. (2002), Particles as surfactants – similarities and differences, Current Opinion in Colloid and Interface Science, 7, 21–41.

[3] Wu C., Bai S., Ansorge-Schumacher M.B., Wang D. (2011), Nanoparticle Cages for Enzyme Catalysis in Organic Media, Advanced Materials, 23, 5694–5699.

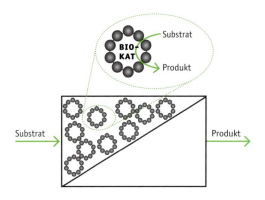

Abbildung 1: Schematische Darstellung des avisierten Reaktionssystems Pickering Emulsion und dessen Trennung mittels Membranfiltration im kontinuierlichen Prozess

Betrieb im Reaktor zurückhalten. **Abbildung 1** zeigt diese Vorgänge schematisch.

Mit diesem Ansatz soll die Erschließung ganz neuer Produktklassen für die pharmazeutische, kosmetische, chemische und Lebensmittelindustrie gelingen. Darüber hinaus trägt er durch die Nutzung geringerer Lösungsmittelmengen im Vergleich zu herkömmlichen Synthesen oder sogar nachwachsender Rohstoffe zur Ressourcenschonung und der sogenannten „Green Chemistry" bei.

MATERIAL UND METHODEN

Vor einem industriellen Einsatz der PE sind u. a. geeignete Membranmaterialien zu identifizieren sowie die Abhängigkeiten des Filtrationsverhaltens von den Betriebsbedingungen und Emulsionseigenschaften zu charakterisieren und zu quantifizieren.

Sphärische Silica-Partikel wurden nach Stöber et al. **[4]** hergestellt und mit Trimethoxyoctadecylsilan (TMODS) funktionalisiert. Mit diesen Partikeln wurden PE unterschiedlicher Phasenzusammensetzung mit Hilfe eines UltraTurrax® (IKA) hergestellt und die Tropfengrößen mikroskopisch bestimmt.

Beim Screening nach geeigneten Membranmaterialien und Filtrationsbedingungen kamen Membranen aus PES und FP mit molecular weight cut-offs (MWCO) zwischen 1 und 10 kD verschiedener Hersteller zum Einsatz. Filtrationsversuche wurden in einer Rührzelle XFUF-047 (Merck Millipore) bei unterschiedlichen Drücken und Drehfrequenzen sowie unter Variation des Partikelgehalts durchgeführt. 50 mL Emulsion mit einem Wasserphasengehalt von 6,4% wurden vorgelegt. Dieser Gehalt stieg aufgrund der Instationarität der Batchfiltration während der Filtration auf bis zu etwa 20% an. Die benötigte transmembrane Druckdifferenz (Δp) wurde mittels Stickstoff aufgeprägt.

ERGEBNISSE

An der HTW konnten erfolgreich entsprechende Partikel nach Stöber et al. **[4]** synthetisiert und funktionalisiert werden. Die damit hergestellten stabilen Emulsionen ließen sich mittels Ultrafiltration trennen. **Abbildung 2** zeigt beispielhaft Ergebnisse der Ultrafiltration zweier unterschiedlicher Pickering Emulsionen. Es ist zu erkennen, dass die Emulsion, die mit einem geringeren Partikelgehalt hergestellt wurde, eine höhere Permeabilität aufweist. Dies ist durch die größeren Tröpfchen, dem damit verbundenen größeren hydraulischen Durchmesser sowie dem folglich geringeren Kuchenwiderstand zu erklären. Es wurden Tröpfchendurchmesser von ca. 25–50 μm (bei einem Feststoffgehalt bezogen auf die Wasser-

[4] Stöber W., Fink A., Bohn E. (1968), Controlled growth of monodisperse silica spheres in the micron size range, Journal of Colloid and Interface Science, 26, 62–69.

[5] Binks B.P., Whitby C.P. (2004), Silica particle-stabilized emulsions of silicone oil and water: aspects of emulsification, Langmuir, 20, 1130–1137.

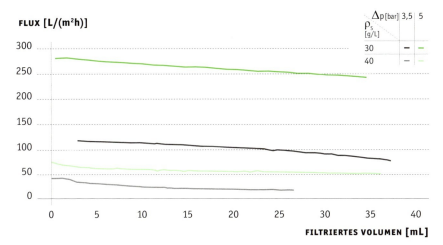

Abbildung 2: Fluxentwicklung während der Ultrafiltration zweier unterschiedlicher w/o-Pickering Emulsionen (Wasser in Toluol, Rührerdrehfrequenz = 150min^{-1}, PES Membran mit MWCO = 10 kD).

phase von 40 g/L) bzw. 45–70 μm (bei 30 g/L) gemessen. Ein größerer Partikelgehalt kann auch eine größere Phasengrenzfläche stabilisieren und führt somit zu kleineren Tropfen (vgl. auch [5]). Bei wiederholten Versuchen mit wieder aufgefüllter Rührzelle und damit wieder auf den Startphasengehalt verdünnter Emulsion erwies sich der Flux überraschenderweise als weitgehend unabhängig vom Phasengehalt.

ZUSAMMENFASSUNG UND AUSBLICK

Die bisherigen Ergebnisse zeigen, dass eine Trennung der Pickering Emulsion mittels Ultrafiltration möglich ist. Somit ist der Ansatz, PE als innovatives mehrphasiges Reaktionssystem für die großtechnische Biokatalyse zu verwenden, vielversprechend. Er kann dazu beitragen, sowohl gänzlich neue Produktklassen in der Pharmazie zu erschließen als auch Ressourcen zu schonen. Im nächsten Schritt werden der Einfluss der beteiligten Reaktionskomponenten auf die Tröpfchengröße sowie das Filtrationsverhalten weiter untersucht und reaktive PE eingesetzt. Schließlich soll ein kontinuierlicher Membranreaktor für PE entwickelt werden.

Die Arbeiten werden in Kooperation mit der AG Ansorge-Schumacher von der TU Dresden durchgeführt. Das diesem Bericht zugrundeliegende Vorhaben wurde mit Mitteln des Bundesministeriums für Bildung, und Forschung unter dem Förderkennzeichen 031A163A (BioPICK) gefördert. Die Verantwortung für den Inhalt dieser Veröffentlichung liegt bei den Autorinnen.

WERKSTOFF-CHARAKTERISIERUNG FÜR IMPLANTAT-TECHNOLOGIE IN IN-SITU ERMÜDUNGS-VERSUCHEN

Anja Pfennig | Marcus Wolf | Thomas Schulze

Abbildung 1: Gebrochene Prothese, rechts: Teilansicht mit leicht versetzten Rissen, links: Bruchfläche mit Rissausbreitung (durch Pfeile markiert)

EINLEITUNG

Beim Einsatz von Werkstoffen im menschlichen Körper ist neben der Biokompatibilität ebenso die mechanische und korrosive Beständigkeit entscheidend. Da die im Körper zyklisch-mechanisch belasteten Implantate den hochkorrosiven Körperflüssigkeiten und möglicherweise korrosiven Gasen ausgesetzt sind, ist Schwingungsrisskorrosion (SwRK) eine gefürchtete Ursache für Werkstoffschädigungen. Damit ist unweigerlich eine Verringerung der Lebensdauer dieser Komponenten verbunden, die im schlimmsten Fall zum Versagen des Bauteils führen kann [Abbildung 1]. Beispiele hierfür sind orthopädische und Dentalimplantate, die hohen quasistatischen und zyklischen Beanspruchungen ausgesetzt werden [1]. Für Patienten bedeutet dies eine deutliche Beeinträchtigung der Lebensqualität und eine Reduzierung der Zuverlässigkeit in der Implantattechnologie. Um eine Aussage über die Korrosionsschwingfestigkeit von Werkstoffen machen zu können, wurde eine Korrosionskammer an der HTW Berlin konstruiert und in Kooperation mit der Bundesanstalt für Materialforschung und -prüfung (BAM) aufgebaut und in Betrieb genommen [2]. Diese Kammer simuliert den menschlichen Körper unter in-situ-Bedingungen und ist für Umgebungsdruck ausgelegt. Eine weitere Prüfkammer – die nicht nur bei erhöhten Temperaturen, sondern auch unter Druck betrieben werden kann – wurde in der ersten Hälfte 2013 konstruiert und wird voraussichtlich in der 2. Hälfte 2014 fertiggestellt werden [3].

[1] DVM-Berlin, „http://www.dvm-berlin.de" [Online]. Verfügbar unter: http://www.dvm-berlin.de/index.php?id=372/index.php?id=372. [Zugriff am 02.01.2014].

[2] Wolf, Marcus: Konstruktion einer Korrosionskammer zur Durchführung von Ermüdungsversuchen (Bachelorarbeit), HTW Berlin, 2010.

[3] Wolf, Marcus: Konstruktion eines Hochdrucksystems zur in-situ Untersuchung der SwRK metallischer Werkstoffe in korrosiven gasförmigen und flüssigen Medien bei hoher Temperatur (Masterarbeit), HTW Berlin, 2013.

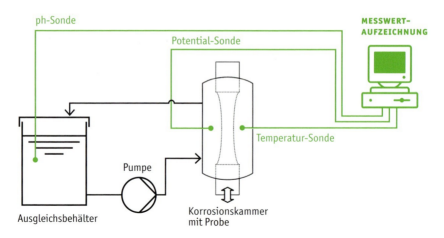

ph-Sonde

Potential-Sonde

MESSWERT-
AUFZEICHNUNG

Temperatur-Sonde

Pumpe

Ausgleichsbehälter

Korrosionskammer
mit Probe

© Anja Pfennig

Abbildung 2: Prüfsystem mit Messwertaufzeichnung

PRÜFSYSTEM FÜR SWRK-VERSUCHE

Um Schwingungsrisskorrosion unter in-situ-Bedingungen – wie sie im menschlichen Körper vorliegen – prüfen zu können, muss der zu prüfende Werkstoff bzw. die Probe während des gesamten Versuchs mit Korrosionsmedium umspült werden, welches die Funktion von Körperflüssigkeiten nachahmt. Der hierfür notwendige Versuchsaufbau besteht aus einer Korrosionskammer, einem Ausgleichsbehälter und einer Pumpe **[Abbildung 2]**. Die Temperatur des Korrosionsmediums kann mittels eines Ringheizelements im Temperaturbereich von 20–100 °C auf 0,5 °C genau geregelt werden. Die bei Schwingungsrisskorrosionsuntersuchungen vorgegebene Temperatur für Implantatwerkstoffe von 37 °C wird somit realisiert. Geheizt wird das Korrosionsmedium über den Ausgleichsbehälter. Durch die räumliche Trennung von Heizung zu Korrosionskammer können in der Kammer elektrochemische Potentialmessungen durchgeführt werden, ohne dass diese durch das aufgebrachte Potential der Heizung verfälscht werden. Zusätzlich wird durch den Ausgleichsbehälter sichergestellt, dass das Verhältnis zwischen Korrosionsmedium und Probenoberfläche ausreichend ist. Dieses ist mit mindestens 10 ml/cm² vorgegeben **[4]**. Des Weiteren besteht die Möglichkeit, dass das Medium über den Ausgleichsbehälter mit Gas beaufschlagt wird, um eventuelle Zusatzstoffe in den Versuch einfließen zu lassen.

Für eine vollständige Untersuchung der Versuche, ist es erforderlich die Parameter Temperatur, Potential und pH-Wert über die gesamte Versuchsdauer aufzuzeichnen. Beim pH-Wert ist darauf zu achten, dass dieser in einen Bereich der Körperflüssigkeiten von 7,37–7,45 liegt **[5]**. Für die Potentialmessung wird eine speziell für die Korrosionskammer entwickelte Potentialsonde verwendet. Diese ist aufgrund ihrer Bauart unempfindlich gegenüber Vibrationen, da sie keine beweglichen Teile besitzt. Die Temperatur wird im Ausgleichsbehälter und in der Korrosionskammer erfasst. Entscheidend ist jedoch der Wert in der Prüfkammer, in welcher sich die Probe befindet. Um die Versuche abzusi-

[4] DIN Deutsches Institut für Normung, DIN 50905 Korrosion der Metalle – Korrosionsuntersuchung, Band Teil 1: Grundsätze, Berlin: Beuth Verlag GmbH, 2009, S. 5.

[5] Wintermantel, Erich, Ha, Suk-Woo (Hrsg.), Medizintechnik mit biokompatiblen Werkstoffen und Verfahren, 3. Auflage, Berlin: Springer, 2002, S. 127.

[6] Schulze, Thomas: Konstruktion einer hermetischen Pumpe für die Erforschung der Schwingungsrisskorrosion von Stählen geothermischer Kraftwerkskomponenten (Bachelorarbeit), HTW Berlin, 2014.

chern, werden auch die Umgebungsparameter, wie Raumtemperatur und Luftfeuchtigkeit, mit aufgezeichnet.

Mechanisch wird die Probe durch eine Prüfmaschine belastet. Hier können verschiedene Kräfte und Frequenzen geprüft werden. Auch können die tatsächlich im Körper vorliegenden Kräfte simuliert werden. Die Aufzeichnung der Belastung und der ertragenen Lastwechsel wird von der Prüfmaschinensoftware während des gesamten Versuchs erfasst. Dargestellt werden die Ergebnisse in einem Wöhlerdiagramm. Hier wird die Nennspannungsamplitude Sa, auf der Ordinate, und die Anzahl der ertragenden Lastwechsel N, auf der Abszisse, logarithmisch eingetragen. Mittels linearer Regressionsrechnung lassen sich die Ausfallwahrscheinlichkeiten für den geprüften Werkstoff errechnen. Damit lässt sich eine Aussage über die Korrosionsschwingfestigkeit machen.

Die Förderung des Korrosionsmediums erfolgt über eine eigens für den Versuchsstand konstruierte Pumpe [6]. Hierbei handelt es sich um eine Zahnradpumpe, die einen Volumenstrom bis max. 14 l/h und für Drücke bis 5 bar ausgelegt ist. Die geringe Förderstrompulsation der Verdrängerelemente ermöglicht ein nahezu kontinuierliches Fließen des Mediums, was die Zuverlässigkeit in der Auswertung der Versuchsdaten erhöht. Über eine separate Steuereinrichtung wird eine Drehzahleinstellung realisiert, um die Durchflussrate zu regulieren. Ein Durchflussmesser auf Basis einer Miniaturturbine, erfasst die Strömungswerte

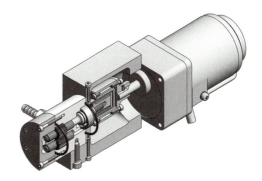

Abbildung 3: Zahnradpumpe mit hermetisch wirkender Magnetkupplung

und leitet sie an eine Auswerteeinrichtung weiter. Sollten in der Versuchsanlage Leckagen auftreten, wird dies über eine Niveaumessung im Ausgleichsbehälter registriert. Beim Unterschreiten eines Minimums schaltet die Pumpe automatisch ab.

Eine hermetisch wirkende magnetische Kupplung ermöglicht die Trennung von Antriebs- und Pumpensystem. Somit sind keine dynamisch beanspruchten Dichtungen im Einsatz, was die Lebensdauer der Pumpe beträchtlich erhöht [Abbildung 3]. Die Korrosionsbeständigkeit der medienberührenden Elemente hat hinsichtlich des Versuchsziels eine hohe Bedeutung. Neben Titan als Grundwerkstoff kommen PTFE als Dichtmaterial und keramische Komponenten in der Lagerung zum Einsatz.

KORROSIONSKAMMER

Das Alleinstellungsmerkmal der Korrosionskammer ist die direkte Montage auf der Probe, wodurch eine flexible Einsatzmöglichkeit in fast jeder Prüfmaschine ermöglicht wird. Die Korrosionskammer wird bei diesem Prinzip mittels Kegelspannelementen kraftschlüssig mit der Probe verbunden [Abbildung 4]. Gegenüber dem Medium wird die Korrosionskammer mittels O-Ringen gedichtet. Je nach Korrosionsmedium können die Dichtungsmaterialen variabel abgestimmt werden.

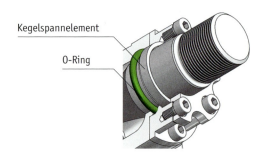

Kegelspannelement

O-Ring

Abbildung 4: Befestigungsprinzip der Korrosionskammer

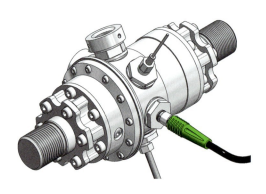

Abbildung 5: Korrosionskammer mit Sensoren

Die Korrosionskammer selbst besteht aus Titan Gr.2 und bietet dadurch eine hohe Beständigkeit gegenüber korrosiven Medien – und folglich auch gegenüber der Hanks Lösung, welche zur Nachahmung von Körperflüssigkeiten zum Einsatz kommt [7]. Je nach Prüfziel und Umfang der zu erfassenden Daten sind in der Mitte der Korrosionskammer sechs Sensoraufnahmen gleichmäßig über den Durchmesser verteilt angebracht [Abbildung 5]. Dadurch können für jeden Versuch die Sensoren mittels Modul-/Baukastensystem auf den jeweiligen Einsatzfall abgestimmt werden. Beispielsweise lässt sich die Korrosionskammer um eine Temperatur-, Potential- oder pH-Wert Messung erweitern. In die Sensoraufnahmen kann zudem ein Schauglas eingesetzt werden, welches externe Videoaufzeichnung ermöglicht.

Die Probe erfährt während der Versuche eine Längenänderung. Um diese nicht durch die Korrosionskammer zu verfälschen, verfügt diese über ein bewegungausgleichendes Element in Form einer Membran. Diese besteht aus einem flexiblen Gummi, welches chemisch beständig gegenüber dem Korrosionsmedium ist. Die Membran hat zudem den Vorteil, dass sie nur eine geringe Einbauhöhe besitzt und sehr verschleißarm ist. Durch die hohe Lebensdauer der Membran können extrem lange Versuche mit bis zu 108 Schwingspielen durchgeführt werden. Da Werkstoffe in korrosiven Medien ihre Dauerschwingfestigkeit verlieren und nur noch eine Korrosionsschwingfestigkeit aufweisen, ist eine lange Versuchsdauer notwendig [8]. Eine hohe Zuverlässigkeit des Implantatwerkstoffs und somit eine höhere Lebensqualität der Träger, rechtfertigt jedoch diese zeitaufwendigen Versuche.

[7] Rubitschek, Felix: Bio-kompatible ultrafeinkörnige Niob-Zirkonium Legierungen – Integrität unter mechanischer und korrosiver Beanspruchung (Dissertation), Universität Paderborn, 2012, S. 36.

[8] Wendler-Kalsch, Elsbeth; Gräfen, Hubert (Hrsg.), Korro-sionsschadenkunde, 1. Auflage, Heidelberg: Springer, 1998, S. 445–465.

ZUSAMMENFASSUNG

Mit dem beschriebenen Prüfsystem ist es möglich die korrosiven und mechanischen Belastungen die im menschlichen Körper auftreten, zu simulieren. Es können relevante Messdaten zur Korrosions-schwingfestigkeit von Werkstoffen ermittelt wer-den, die die Auswahl eines zuverlässigen Implan-tatwerkstoffs ermöglichen.

Anfragen und Prüfaufträge seitens der Industrie zeigen den Nutzen dieser Werkstoffcharakterisie-rung unter nah-realen Bedingungen.

MINIATURISIERTE HARDWAREPLATTFORM FÜR EIN MULTIMODALES KLASSIFIZIERUNGS-SYSTEM ZUR LEBENSMITTEL-ODER MEDIKAMENTEN-PRÜFUNG

Anett Bailleu

EINFÜHRUNG

Da bekanntermaßen die Ernährung einen wesentlichen Einfluss auf die Gesundheit hat, ist der gesundheitsbewusste Verbraucher dafür sensibilisiert, auf den Verzehr von qualitativ hochwertigen Nahrungsmitteln zu achten. Jedoch kann er gepanschte, schadstoffbelastete oder verdorbene Lebensmittel, die gerade in den Industrienationen in großem Umfang gehandelt werden, im Alltag allein mit seinen Sinnen nicht erkennen.

Ein weiteres, hinsichtlich der Folgen für die Betroffenen sogar noch gravierenderes Problem stellen die zunehmenden Medikamentenfälschungen dar, die beispielsweise über das Internet gehandelt werden. So geht die Weltgesundheitsorganisation WHO davon aus, dass weltweit z. Zt. ca. zehn Prozent aller Medikamente Plagiate sind und in Afrika sogar jedes zweite Präparat eine Medikamentenfälschung darstellt [1] [2]. Auch bei den Medikamentenfälschungen ist der Verbraucher nicht in der Lage, den Betrug zu erkennen.

Vor diesem Hintergrund besteht ein zunehmendes Interesse an Messsystemen, die geeignet erscheinen, die Qualität von Lebensmitteln oder die Echtheit von Medikamenten durch den Verbraucher zu prüfen.

In diesem Beitrag wird ein mikrosystemtechnisch realisierbares Sensorsystem vorgestellt, das geeignet erscheint, zur Lösung o. g. Aufgaben und zur Lösung vielfältiger weiterer Klassifizierungsaufgaben eingesetzt werden zu können.

[1] N. N.: Patientensicherheit erfordert Nulltoleranz – Schmuggel und Fälschung von Arzneimitteln – Themendossier 2/2012. URL http://www.interpharma.ch/sites/default/files/themendossier-2-2012_patientensicherheit-erfordert-nulltoleranz_d.pdf (aufgerufen am 31.01.2014).

[2] Peterman, A.: Lebensgefährliche Panscherei – Die Zahl der Medikamentenfälschungen steigt (09.04.2013). URL http://www.deutschlandfunk.de/lebensgefaehrliche-panscherei.697.de.html?dram:article_id=242960 (aufgerufen am 31.01.2014).

ENTWICKLUNG EINES MULTIMODALEN
KLASSIFIZIERUNGSSYSTEMS – APPLIKATIONSANFORDERUNGEN

Jedes Produkt und somit auch jedes Lebensmittel, jedes Medikament, aber auch jede Verpackung weist intrinsische Merkmale auf, die seine Qualität, seine Herkunft und seinen Zustand charakterisieren. Des Weiteren können bestimmte Produktgruppen, u. a. Lebensmittel- und Medikamentenverpackungen, mit zusätzlichen Erkennungsmerkmalen versehen werden, die maschinenlesbar sind. Unter der Voraussetzung, dass diese zusätzlichen Merkmale nicht oder nur mit sehr hohem Aufwand nachstellbar [3] sind, können diese extrinsischen Merkmale zur Klassifizierung von Produktqualitäten genutzt werden. Stand der Technik ist, dass zur Absicherung Medikamente durch codierte Verpackungen rückverfolgbar gekennzeichnet werden [4] [5] [6].

Forensisch wird man mindestens unter zu Hilfenahme einer umfangreichen Laboranalytik somit immer in der Lage sein, diese Merkmale zu erkennen und die Produkte in „gut" und „schlecht" bzw. in „echt" oder „gefälscht" zu klassifizieren. Der laboranalytische Aufwand ist häufig relativ hoch, läuft nicht immer zerstörungsfrei ab und steht in der Regel dem Endverbraucher nicht zur Verfügung.

Das Forschungs- und Entwicklungsziel besteht nun darin, dem Endverbraucher, aber auch der gesamten Lieferantenkette ein alltagstaugliches System zur Verfügung zu stellen, um mehr Sicherheit bei der Beurteilung von Lebensmittel- bzw. Medikamentenqualitäten zu erlangen.

Neben den funktionalen technischen Anforderungen, die mit der Erkennung und Klassifizierung der genannten Produkte einhergehen, sind nichtfunktionale Anforderungen wie die Miniaturisierbarkeit des Sensorsystems, die Integrierbarkeit in ein portables Messgerät, die Multifunktionalität für möglichst viele Produktgruppen durch „teach in" u. ä. zu erfüllen.

MULTIMODALER LÖSUNGSANSATZ

Die Qualität von Lebensmitteln äußert sich u. a. in ihrem farblichen Erscheinungsbild. Deshalb gibt es Entwicklungen, die darauf abzielen, optische Mikrospektrometer zur Qualitätsbewertung einzusetzen [7] [8].

Jedoch verändern Mikroorganismen durch ihre Stoffwechseltätigkeit und ihre Vermehrung nicht nur die Farbe, sondern auch die Oberflächenstruktur, die Konsistenz, das Wasseraufnahme- bzw. Wasserabsonderungsverhalten deutlich. Diese Eigenschaften, welche wichtige Indizien für die Frische bzw. die Gesamtqualität eines Lebensmittels darstellen, lassen sich messtechnisch ggf. signifikanter erfassen, wenn man auch andere Informationsträger als Licht nutzt. Ebenso werden sich Veränderungen bei der Zusammensetzung eines Medikamentes über zusätzliche Informationsträger eher feststellen lassen, als wenn man nur auf Informationsparameter setzt, die sich optisch anregen und detektieren lassen.

Entsprechend besteht ein neuer, hier beschriebener, Lösungsansatz

[3] Geeignete Merkmale sind auf der Basis von chemischen und festkörperphysikalischen Effekten generierbar. Sie müssen hinreichend fälschungssicher sein und im Falle von Verpackungen, müssen die Verpackungen erkennbar untrennbar mit den zu klassifizierenden Produkten verbunden sein. Lösungen für diese Teilaufgabe sind nicht Gegenstand dieses Beitrags.

[4] N. N.: Kampf den Medikamentenfälschungen (28.10.2009). URL http://www.compliancemagazin.de/markt/invests/siemens-it-solutions-and-services281009-.html (aufgerufen am 31.01.2014).

[5] N. N.: Sicherheit von Medikamenten. URL http://www.interpharma.ch/medikamente/1591-grosse-anstrengungen-zum-schutz (aufgerufen am 31.01.2014).

[6] N. N.: System zur Abwehr gefälschter Medikamente besteht den Praxistest (Pressemitteilung securpharm 23.05.2013). URL http://www.securpharm.de/uploads/tx_news/2013-05-23_PM_securPharm_PK_final.pdf (aufgerufen am 15.01.2014).

[7] Egloff, Th.; Grüger, H.; Scholles, M.; Becker, W.: Lebensmittelanalyse mittels NIR-Spektroskopie. (02.04.2009). URL http://www.laborpraxis.vogel.de/analytik/spektroskopie-und-photometrie/articles/179993/ (aufgerufen am 30.01.2014).

[8] Grüger, H.: Qualität von Lebensmitteln schnell überprüft, In: Fraunhofer Forschung Kompakt Thema 6 05/2012. URL http://www.fraunhofer.de/content/dam/zv/de/presse-medien/2012/pdf/Forschung-kompakt_Mai-2012.pdf (aufgerufen am 31.01.2014).

für die Messaufgabe darin, die spezifischen Struktur- und Stoffeigenschaften als Parameter zu begreifen, die neben den optischen auch die elektrischen Systemeigenschaften beeinflussen. Elektrische Systemeigenschaften äußern sich in der resultierenden Gesamtimpedanz bzw. im Übertragungsverhalten einer Anordnung.

Explizit sei hervorgehoben, dass wesentliche optische Eigenschaften der Probe, auch bei dem hier vorgestellten Lösungsansatz erfasst werden, da sie zweifelsohne Klassifizierungsinformationen enthalten. Jedoch wird, im Gegensatz zu o. g. anderen Lösungsansätzen, nicht auf die Entwicklung und den Einsatz von spezifischen Mikrospektrometern zur Lösung der Messaufgabe gesetzt.

Die hardwareseitig generierten und detektierten Signale werden in Abhängigkeit von der jeweils spezifischen Fragestellung per Software mit unterschiedlichen multimodalen Algorithmen bewertet.

Primäres Entwicklungsziel aller hard- und softwareseitigen Aktivitäten bei der Prüfung von Lebensmitteln und Medikamenten ist der Trennungserfolg in „gut" und „schlecht" einer eingelernten Produktgruppe.

Erfolgsentscheidend ist zunächst einmal überhaupt das Finden von Trennkriterien. Das wird durch das Erheben von Messdaten mit mehreren Informationsträgern und -parametern, die als Trennkriterien fungieren können, möglich. Erst nachgeordnet gilt es zu entscheiden, welche der prinzipiell nutzbaren Trennkriterien sich als stark und welche sich hingegen als eher schwach bezogen auf den Trennungserfolg erweisen. Des Weiteren ist zu klären, wie die ausgewählten Trennkriterien miteinander kombiniert werden und welche Entscheidungsstrategien umgesetzt werden.

Der Trennungserfolg kann abschließend durch etablierte Parameter und Maße zur Quantifizierung der Güte eines Klassifizierungsverfahrens objektiv bewertet werden.

Abbildung 1: Miniaturisiertes Sensorsystem als Hardwareplattform für die multimodale Klassifizierung

HARDWAREPLATTFORM FÜR MULTIMODALE KLASSIFIZIERUNGSSYSTEME

Vorgestellt wird ein mit mikrosystemtechnischen Technologien herstellbarer Sensorsystemchip mit dem zahlreiche optische und elektrische Eigenschaften der Probe detektiert werden können. Des Weiteren kann die unmittelbare Umgebungsfeuchte der Probe gemessen werden.

Der in **Abbildung 1** dargestellte Sensorsystemchip besteht aus einem Trägersubstrat mit zentral angeordneten Vertiefungen für mehrere modulierbare Lichtquellen. Funktionswesentlich sind des Weiteren die segmentierten, planaren Photodioden, die aus Elektrodenstrukturen gebildeten Streufeldkondensatoren und die Zwischenschicht mit spezifischen dielektrischen und optischen Eigenschaften. Ebenfalls in der Abbildung erkennbar sind die elektrischen Versorgungs- und Verbindungsleitungen.

REMISSIONSOPTISCHE KOMPONENTEN DES SENSORCHIPS

Mit dem dargestellten Sensorsystemchip erfassbar sind das Transmissions-, Reflexions- und Absorptionsverhalten der betreffenden Probe bei unterschiedlichen Emissionswellenlängen mehrerer auf dem Sensorchip zentral angeordneter Lichtquellen.

Die Lichtquellen werden durch HL-Laserdioden und LEDs ausgeführt. Bei der Wahl der Lichtquellen werden gezielt Anregungspeakwellenlängen auch außerhalb des für den Menschen sichtbaren Lichtspektrums gewählt (z. B. UV-A und NIR-Wellenlängen). Dadurch erhält man optische Informationen aus unterschiedlichen Tiefen der Probe.

Informationen über die Struktur bzw. Konsistenz der Probe erhält man u. a. aus der Lichtstreuung. Dazu wird die laterale Verteilung des remittierten Lichtes durch mindestens vier Segmente planarer Photodetektoren empfangen.

Die Zwischenschicht zwischen den Photodetektoren und den auf die Oberfläche des Sensorchips aufgebrachten Elektrodenstrukturen weist über den Photodetektorsegmenten unterschiedliche spezifische optische Filtereigenschaften auf.

Indem die Empfangssignalintensitäten der einzelnen Photodiodensegmente einerseits zueinander, und andererseits ins Verhältnis zur wellenlängenspezifischen Sendeintensität der jeweils aktiven Lichtquelle gesetzt werden, erlangt man relevante Farbinformationen ohne dass es eines Spektrometers bedarf.

ELEKTRISCHE SYSTEMKOMPONENTEN DES SENSORCHIPS

Die Elektrodenstrukturen auf der Oberseite der Zwischenschicht sind transparent aus ITO (Indium Zinnoxid) ausgeführt, damit sie die Ausbreitung des Nutzlichtes möglichst wenig behindern. Sie dienen der Erfassung der elektrischen Eigenschaften der Probe. Die elektrische Energie wird kapazitiv ein- und ausgekoppelt. Die Probe befindet sich dabei nicht als Dielektrikum im homogenen Feld einer klassischen Kondensatoranordnung zwischen zwei Elektrodenplatten, sondern sie befindet sich im Streufeld über den Interdigitalelektrodenstrukturen. Das hat den Vorteil, dass probendickenunabhängig gemessen werden kann. Zudem müssen insbesondere die Lebensmittelproben nur von einer Seite zugänglich sein und können auch nichtberührend geprüft werden.

Die Impedanzverläufe in Abhängigkeit vom Anregungs- und Empfangselektrodenabstand, von der Anregungs- und Empfangselektrodenbreite, von der Anregungsfrequenz und von der Anregungssignalform geben zahlreiche Informationen über die Probe preis, u. a. auch Informationen aus unterschiedlichen Probentiefen. Zusätzlich lassen sich die Elektrodenstrukturen nutzen um die Ausdünstung in der unmittelbaren Umgebung der Probe als Feuchtesignal zu messen.

ZUSAMMENFASSUNG

Der vorgestellte Sensorchip, bestehend aus optischen und elektrischen Signalanregungs- und Signaldetektionskomponenten, lässt sich als Hardwareplattform für sehr unterschiedliche spezifische Fragestellungen einsetzen. Durch die kompakte miniaturisierte Bauform lassen sich handliche, alltagstaugliche Lebensmittel- bzw. Medikamentenprüfgeräte realisieren, beispielsweise in Form von Schlüsselanhängern, Stiften oder auch integriert in Smartphones.

Hardwareseitig angepasst werden bei den optischen Signalpfaden applikationsabhängig die Peakwellenlängen der anregenden LEDs bzw. der Halbleiterlaserdioden und die optischen Filtereigenschaften der Zwischenschicht vor den Photodetektoren. Modifizierbar sind des Weiteren die Elektrodenstrukturen und die dielektrischen Eigenschaften von lokalen Arealen zwischen den Elektroden.

Die Hardwareplattform zur Klassifizierung von „guten" und „schlechten" Produkten in der Ausprägung eines Mikrosystems zur Erkennung vorbestimmter Merkmale ist durch die Patentanmeldungen DE102009026488A1, EP000002435993A1 und WO002010136418A1 bereits umfangreich schutzrechtlich abgesichert.

Geeignete Merkmale sind auf der Basis von chemischen und festkörperphysikalischen Effekten generierbar. Sie müssen hinreichend fälschungssicher sein und im Falle von Verpackungen, müssen die Verpackungen erkennbar untrennbar mit den zu klassifizierenden Produkten verbunden sein.
Lösungen für diese Teilaufgabe sind nicht Gegenstand dieses Beitrags.

BETRIEI

GESUND
MANAG

LICHES

HEITS-
EMENT

KÖNNEN WOLLEN DÜRFEN

Gesundheitskompetenz im Unternehmen

Sabine Nitsche | Sabine Reszies

Die Kompetenz eines Unternehmens, die Gesundheit der Beschäftigten zu erhalten und zu fördern und die die Gesundheit beeinflussenden physischen als auch psychischen Fehlbeanspruchungen zu vermeiden, wird vor dem Hintergrund des demografischen Wandels und der Alterung der Belegschaft immer stärker die Wettbewerbsfähigkeit eines Unternehmens bestimmen.

Gemäß einer Online-Umfrage der DIHK unter 1500 Unternehmen im Jahr 2013 hat in den vergangenen fünf Jahren die Bedeutung des Themas Gesundheitsförderung bei fast zwei Dritteln (65%) der Unternehmen zugenommen. Gut ein Drittel der befragten Unternehmen plant auch für die kommenden fünf Jahre verstärkte Aktivitäten in diesem Bereich. Diese beziehen sich allerdings in hohem Maß auf die gesundheitsgerechte Ausstattung am Arbeitsplatz (70%), Impfungen und Vorsorgeuntersuchungen (45%), Sport- und Bewegungsangebote (43%) und besondere Kantinenangebote oder Ernährungsberatung (24%) (DIHK, 2014). Dieser Trend ist zunächst einmal positiv zu bewerten, auch wenn der Schwerpunkt auf Maßnahmen des Verhaltens der Mitarbeiter/innen und somit auf der Verhaltensprävention liegt.

Zahlreiche Forschungs- und Modellprojekte haben bewiesen, dass für eine nachhaltige Sicherung der Gesundheit und Leistungsfähigkeit der Beschäftigten eine langfristige Veränderung betrieblicher Strukturen, Prozesse und Verhaltensweisen erforderlich ist. Diese sollten „die gesundheitsförderliche Gestaltung der Arbeitstätigkeit und Arbeitsorganisation, die Entwicklung der Gesundheitskultur sowie der Gesundheitskompetenz der Führungskräfte und Beschäftigten zum Ziel haben" (Barmer GEK, 2010, S.42). Eine ganzheitliche Strategie soll entwickelt werden, die an den Bedürfnissen der Arbeitnehmer/innen ansetzt, die richtigen Maßnahmen identifiziert, Empowerment ermöglicht und ein gesundheitsförderliches Arbeitsklima schafft, in dem sich die Beschäftigten wohlfühlen und zufrieden arbeiten können.

Werden die Beschäftigten zu ihren Belastungen und Beanspruchungen befragt, so gelingt es ihnen nicht immer, diese genau einzugrenzen. In den Unternehmen entwickelte Gegenmaßnahmen, wie etwa höhenverstellbare Schreibtische werden nicht benutzt und bei den angebotenen Kursen zu Bewegung und Entspannung nehmen die Teilnehmerzahlen im Zeitverlauf ab. Führungskräfte wissen oftmals gar nichts über den Einfluss, den sie auf die Gesundheit ihrer Unterstellten haben und selbst, wenn sie dieses Wissen haben, fehlen ihnen Kompetenzen, die Potenziale gesunder Führung auszuschöpfen. Der ganzheitliche Ansatz des Betrieblichen Gesundheitsmanagements (BGM) erfordert die Entwicklung nachhaltiger Strukturen und Kommunikationsstrategien (Verhältnisprävention), die auch von der gesamten Organisation umfassende Kompetenzen abverlangen.

Diese Kompetenzen sind sowohl beim Individuum (personale Kompetenz der Beschäftigten und der Führungskraft) als auch in der Organisation (organisationale Gesundheitskompetenz) unterschiedlich ausgeprägt und beeinflussen das Ausmaß des Erfolgs bei der Umsetzung eines Betrieblichen Gesundheitsmanagements im Unternehmen.

KOMPETENZ: KÖNNEN – WOLLEN – DÜRFEN

Kompetenz beinhaltet nach Becker (2013) das Können, das Wollen und das Dürfen einer Person bezogen auf die Wahrnehmung einer konkreten Aufgabe, im konkreten Fall auf die Nutzung und Umsetzung von Maßnahmen zur Gesundheitsförderung im Unternehmen.

Können –
bezieht sich auf die personenbezogenen Fertigkeiten und Fähigkeiten, z. B. gesundheitsbezogene Informationen lesen, aufnehmen und verstehen zu können, und somit auf das erforderliche handlungsrelevante Wissen für die erfolgreiche Partizipation am BGM im Unternehmen.

Wollen –
beinhaltet sowohl die Bereitschaft einer Person, eine Handlung auszuführen als auch den Willen, das eigene Denken und Handeln zu verändern, bisherige Muster zu überprüfen und bei Bedarf zu ändern. Diese Bereitschaft (Motivation) muss bei der Nutzung von BGM im Unternehmen vorhanden sein und aufrechterhalten werden.

Dürfen –
eröffnet dem Handelnden einen legitimen Denk-, Entscheidungs- und Handlungsfreiraum bei der Förderung von Gesundheit im Unternehmen. Das Dürfen ist die notwendige Voraussetzung, um vom Können und Wollen auch tatsächlich ins Handeln (Tun) übergehen zu können und somit die Umsetzung von gesundheitsbewussten Verhalten und Maßnahmen im Unternehmen.

Alle drei Elemente der Kompetenz, Können (Fähigkeit), Wollen (Bereitschaft) und Dürfen (Handlungsspielraum), beeinflussen somit den Erfolg von BGM im Unternehmen. Die Gesundheitskompetenz der Mitarbeiter/innen, der Führungskräfte und damit des Unternehmens als Ganzes sind somit Gradmesser für die Umsetzbarkeit und Wirksamkeit von Maßnahmen zur Gesundheitsförderung.

Um diese Kompetenz im Unternehmen zu erfassen und zu entwickeln wird an der Hochschule für Technik und Wirtschaft Berlin (HTW Berlin) ein Instrument zur Messung der Gesundheitskompetenz im organisationalen Kontext entwickelt, welches im Vergleich zu anderen Instrumenten (z.B. dem Wuppertaler Gesundheitsindex für Unternehmen (Hammes, Wieland & Winizuk, 2009)) sowohl die individuellen als auch die organisationalen Kompetenzen bei der Umsetzung des Betrieblichen Gesundheitsmanagements im Unternehmen berücksichtigt.

GESUNDHEITSKOMPETENZMATRIX

Die drei Elemente Können, Wollen und Dürfen werden dazu mit den Handlungsfeldern Verhalten und Verhältnisse in einer Gesundheitskompetenzmatrix mit sechs Unterdimensionen kombiniert:

Elemente	Ebenen	VERHALTEN *Mitarbeiterebene*	VERHÄLTNISSE *Organisationale Ebene*
Können		Mitarbeiter/in hat die Fähigkeit die Gesundheitsmaßnahmen umzusetzen	Befähigung der Mitarbeiter durch Information, Training
Wollen		Mitarbeiter/in will die Gesundheitsmaßnahmen umsetzen	Motivation durch die Führungskräfte und Unterstützung bei der Umsetzung – Empowerment
Dürfen		Mitarbeiter/in darf die Gesundheitsmaßnahmen umsetzen	Rahmenbedingungen und Freiraum um gesundheitsorientiert gestalten zu dürfen

Abbildung 1: Gesundheitskompetenzmatrix

Zur Messung der Gesundheitskompetenz im Unternehmen werden diese sechs Unterdimensionen anhand von Items operationalisiert und in (Online)-Fragebögen mittels einer Selbstbewertungs-Punkte-Skala durch die Mitarbeiter/innen und Führungskräfte im Unternehmen bewertet.

GESUNDHEITSKOMPETENZPROFILE

Die Ergebnisse der Bewertung der einzelnen Mitarbeiter/innen und Führungskräfte werden sowohl einzeln als auch zusammenfassend (nach Kriterien wie Geschlecht, Alter, Bereich, ...) in Gesundheitskompetenzprofilen **[siehe Abbildung 2]** dargestellt und somit vergleichbar gemacht. Die Interpretation der Gesundheitskompetenzprofile erlaubt es, die Stärken und Schwachstellen der Mitarbeiter/innen, Führungskräfte und des Unternehmens bzw. hemmende und fördernde Faktoren zu identifizieren und maßgeschneiderte Maßnahmen abzuleiten. Zudem kann langfristig die Gesundheitskompetenz der Einzelnen und des Unternehmens als Ganzes entwickelt bzw. gesteigert werden. Hierdurch kann das vorhandene Kompetenzniveau in der Ebene Verhalten und Verhältnisse dargestellt und die Ergebnisse anhand von Ausprägungen, Unterschieden, Gaps etc. interpretiert und verglichen werden.

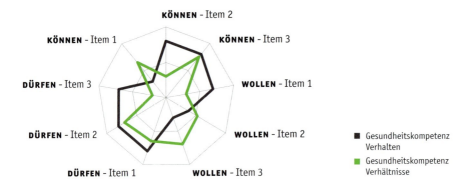

KÖNNEN - Item 2
KÖNNEN - Item 1
KÖNNEN - Item 3
DÜRFEN - Item 3
WOLLEN - Item 1
DÜRFEN - Item 2
WOLLEN - Item 2
DÜRFEN - Item 1
WOLLEN - Item 3

■ Gesundheitskompetenz
Verhalten
■ Gesundheitskompetenz
Verhältnisse

Abbildung 2: Beispiel eines möglichen Gesundheitskompetenzprofils für eine/n Mitarbeiter/in

Die Kompetenzprofile der Mitarbeiter und Führungskräfte werden auf individueller, Gruppen- (Alter, Geschlecht, Bereich) und organisationaler Ebene interpretiert. Auf individueller Ebene kann z.B. die Ausprägung des Mitarbeiters in **Abbildung 2** mit einer hohen Können-Kompetenz auf Verhaltensebene und einer niedrigen Können-Kompetenz auf Verhältnisebene darauf hinweisen, dass der Mitarbeiter zwar kognitiv in der Lage ist z.B. gesundheitsrelevante Informationen aufzunehmen, ihm diese aber nicht ausreichend seitens des Unternehmens zur Verfügung gestellt werden. Eine niedrige Wollen-Kompetenz auf Verhaltensebene und hohe Wollen-Kompetenz auf Verhältnisebene kann z.B. darauf hinweisen, das im Unternehmen zwar eine Reihe von Kursen zur Vermittlung von gesundheitsrelevantem Verhalten angeboten werden, diese aber den Präferenzen oder Lernstilen des Mitarbeiters nicht entsprechen und von daher nicht genutzt werden. Eine hohe Ausprägung der Dürfen-Kompetenz auf Verhaltensebene mit einer niedrigen Dürfen-Kompetenz auf Verhältnisebene kann z.B. darauf hinweisen, dass die Mitarbeiter zwar prinzipiell an Maßnahmen zur Gesundheitsförderung im Unternehmen teilnehmen dürfen, aber evtl. die Führungskraft immer in der Zeit der Maßnahmen Teammeetings ansetzt und somit den Handlungsspielraum (Dürfen) einschränkt. Auf der Basis unterschiedlicher Kompetenzausprägungsmöglichkeiten wird eine Interpretationssystematik, die eine schnelle Auswertung der Ergebnisse ermöglicht, entwickelt.

Durch die Interpretation der Kompetenzprofile kann gezielt Handlungsbedarf aufgezeigt und maßgeschneiderte Maßnahmen auf Verhaltens- und auf Verhältnisebene abgeleitet werden und somit die Einführung von Betrieblichem Gesundheitsmanagement im Unternehmen erleichtert und langfristig gesichert werden.

Die Entwicklung des Instrumentes wird in Zusammenarbeit mit verschiedenen Unternehmen und Organisationen des Netzwerkes „InnoGema" erfolgen, um die theoretisch entwickelten Daten hinreichend validieren zu können. Weitere Informationen zum Projekt „Gesundheitskompetenz im organisationalen Kontext – Können – Wollen – Dürfen" finden Sie unter: www.innogema.de.

Literaturverzeichnis

Abel, T. et al. (2010): „Health-Literacy / Gesundheitskompetenz". (Onlinedokument, http://www.bzga.de/leitbegriffe/?uid=ed6eef616e809e8e285af58615263020&id=an¬gebote&idx=105, Zu¬griff am: 06.12.2013)

Badura, B. et al. (2011): Führung und Gesundheit. Berlin [u.a.]: Springer

Bamberg, E. et al. (2011): „Gesundheitsförderung und Gesundheitsmanagement in der Arbeitswelt – ein Handbuch". Göttingen [u.a.]: Hogrefe

Barmer GEK (2010): BARMER GEK Gesundheitsreport 2010 – Teil 1

Becker, M.(2013): Personalentwicklung: Bildung, Förderung und Organisationsentwicklung in Theorie und Praxis. Stuttgart: Schäffer-Poeschel

Dahlgren, G., Whitehead, M. (1991: Policies and strategies to promote social equity in health. Stockholm: Institute for Future Studies

DIHK (2014): „An Apple a Day..." Gesundheitsförderung im Betrieb kommt an, DIHK-Unternehmensbarometer zur Gesundheitsvorsorge. (Onlinedokument, http://www.dihk.de/presse/meldungen/2014-01-08-unternehmensbaromter-gesundheitsfoerderung, Zugriff am: 28.01.2014)

Kickbusch, I. et al. (2005): Enabling healthy choices in modern health societies, European Health Forum. Badgastein.

Nutbeam, D. (2000): Health literacy as a public health goal: a challenge for contemporary health education and communication strategies into the 21st century. Health Promotion International, 15(3), 259–267.

Rappaport, J. (1987): Terms of Empowerment Exemplars of Prevention – toward a Theory for Community Psychology.American Journal of Community Psychology, 15(2), 121–148.

Tuomi, K., Ilmarinen, J., Jahkola, A., Katajarinne, L., Tulkki, A. (2001): Arbeitsbewältigungsindex – Work Ability Index. Schriftenreihe der Bundesanstalt für Arbeitsschutz und Arbeitsmedizin; Ü14, Bremerhaven, Wirtschaftsverlag NW

WHO (1986): Ottawa-Charta. (Onlinedokument, http://www.euro.who.int/__data/assets/pdf_file/0006/129534/Ottawa_Charter_G.pdf, Zugriff am: 28.01.2014)

DAS BETRIEBLICHE EINGLIEDERUNGS-MANAGEMENT IN DEUTSCHLAND

Rechtliche Grundlagen und betriebliche Praxis

Jochen Prümper | Andreas Schmidt-Rögnitz

Dieser Beitrag entstand im Rahmen des Projektes
„BEM-Netz – Entwicklung eines Netzwerks zur Eingliederung von langzeiterkrankten
und leistungsgewandelten Beschäftigten im Betrieb – Ein transnationales Projekt-
vorhaben Deutschland (Bayern) und Österreich", gefördert durch ESF in Bayern sowie
Mittel des Freistaates Bayern (Laufzeit: 22.04.2013 – 30.06.2015).

RECHTLICHE GRUNDLAGEN
DES BETRIEBLICHEN EINGLIEDERUNGSMANAGEMENTS

Wenn Beschäftigte innerhalb von 12 Monaten länger als sechs Wochen (42 Tage) ununterbrochen oder wiederholt arbeitsunfähig waren, besteht für die betroffenen Arbeitgeber seit 2004 gemäß § 84 Abs. 2 SGB IX [1] die Pflicht, ein „Betriebliches Eingliederungsmanagement" (kurz: BEM) durchzuführen [2]. Ziel dieses Verfahrens ist es, zu klären, wie die Arbeitsunfähigkeit möglichst überwunden werden und mit welchen Leistungen oder Hilfen erneuter Arbeitsunfähigkeit vorgebeugt und somit der Arbeitsplatz erhalten werden kann.

Im Einzelnen bedeutet dies, dass der Arbeitgeber Kontakt zu dem betroffenen Arbeitnehmer aufzunehmen und ihn über die Möglichkeiten, den Ablauf und die Ziele des Verfahrens zu informieren hat und dabei auch auf die Daten hinweisen muss, die in diesem Zusammenhang erhoben werden müssen (§ 84 Abs. 2 Satz 3 SGB IX). Dem Beschäftigten steht es sodann frei, sich an dem Verfahren zu beteiligen oder die Durchführung des betrieblichen Eingliederungsmanagements zu verweigern, woraus sich für ihn keine rechtlichen Nachteile ergeben dürfen. Schließlich sind in das Verfahren eine Reihe von internen Partnern mit einzubeziehen, zu denen insbesondere der Betriebs- oder Personalrat bzw. die Schwerbehindertenvertretung zählen, soweit es sich bei dem Arbeitnehmer um einen Schwerbehinderten handeln sollte. Weitere Ansprechpartner sind – soweit in dem jeweiligen Betrieb vorhanden – der Werks- oder Betriebsarzt, Sicherheitsfachkräfte, der Sicherheitsbeauftragte oder auch innerbetriebliche Sozialarbeiter, soweit sie zu einer Lösung der aufgetretenen Probleme beitragen können.

[1] Eingefügt durch Art. 1 Nr. 20 Buchst. a des Gesetzes vom 32.04.2004, BGBl. I S. 606.

[2] Bei mehreren Erkrankungen muss die Zahl der Arbeitstage pro Arbeitswoche berücksichtigt werden. In einer 5-Tage-Woche liegen die gesetzlichen Voraussetzungen nach 30 Arbeitstagen mit Arbeitsunfähigkeitsmeldung vor; in einer 4-Tage-Woche sind 24 Arbeitstage mit Arbeitsunfähigkeitsmeldung erforderlich.

Neben den innerbetrieblichen Beteiligten sind gegebenenfalls auch externe Beteiligte in das Verfahren miteinzubeziehen, zu denen insbesondere die gemeinsamen Servicestellen der Rehabilitationsträger gemäß § 22 SGB IX und die Integrationsämter zählen. Weitere Ansprechpartner sind die Träger der Arbeitslosenversicherung, der gesetzlichen Krankenversicherung, der gesetzlichen Rentenversicherung sowie der gesetzlichen Unfallversicherung, die in ihren jeweiligen Leistungskatalogen eine Vielzahl von Maßnahmen bereithalten, die dem Arbeitnehmer in seiner speziellen Situation helfen können. [3] Darüber hinaus soll die Verpflichtung zur Einbeziehung externer Partner verdeutlichen, dass ein Arbeitgeber ein betriebliches Eingliederungsmanagement nicht allein deswegen unterlassen oder vorzeitig beenden darf, weil es keine geeigneten oder hinreichend erfahrenen innerbetrieblichen Partner gibt, die diesen Prozess durchführen oder begleiten könnten.

BESONDERHEITEN DES BETRIEBLICHEN EINGLIEDERUNGSMANAGEMENTS

Auch wenn sich die Rechtsgrundlage des BEM in § 84 Abs. 2 Satz 1 SGB IX und damit in einer Regelung des Schwerbehindertenrechts findet, handelt es sich dabei um ein Verfahren, das auf alle Beschäftigte und nicht nur Schwerbehinderte oder diesen Gleichgestellte anzuwenden ist. [4] Vielmehr ist der Arbeitgeber aufgrund dieser Normierung verpflichtet – mit Zustimmung und Beteiligung der betroffenen Person sowie in Kooperation mit der zuständigen Interessenvertretung (bei schwerbehinderten Menschen außerdem mit der Schwerbehindertenvertretung) – die Möglichkeiten zu klären, wie die Arbeitsunfähigkeit eines Arbeitnehmers möglichst überwunden und mit welchen Leistungen oder Hilfen erneuter Arbeitsunfähigkeit vorgebeugt und somit der Arbeitsplatz erhalten werden kann. Da sich aus § 84 Abs. 2 Satz 1 SGB IX zugleich keine verfahrensrechtlichen Vorgaben ergeben, wie das betriebliche Eingliederungsmanagement im Einzelfall durchzuführen ist, handelt es sich bei diesem Verfahren letztendlich um einen ergebnisoffenen Prozess, durch den sichergestellt werden soll, dass der Arbeitgeber sowie die weiteren am BEM beteiligten Personen und Institutionen im Rahmen ihrer bereits bestehenden materiell-rechtlichen Verpflichtungen nach Möglichkeiten suchen, das Beschäftigungsverhältnis des betroffenen Arbeitnehmers zu sichern und gegebenenfalls an dessen eingeschränkte Arbeitsfähigkeit anzupassen.

PRAXIS DES BETRIEBLICHEN EINGLIEDERUNGSMANAGEMENTS

Seit dem Inkrafttreten dieses Gesetzes hat das „Betriebliche Eingliederungsmanagement" zunehmend an eigenständiger Bedeutung gewonnen: Konnte zunächst noch der Eindruck bestehen, bei diesem arbeitsrechtlichen Instrument handele es sich nur um einen weiteren Aspekt des betrieblichen Gesundheitsmanagements, zu dem der Arbeitgeber aufgrund verschiedener Regelungen [5] ohnehin verpflichtet ist, konnte sich das BEM nicht zuletzt aufgrund der höchstrichterlichen Rechtsprechung des Bundesarbeitsgerichts mehr und mehr als

183

[3] Vgl. hierzu auch die Gemeinsame Empfehlung nach §§ 12 Abs. 1 Nr. 5, 13 Abs. 2 Nr. 1 SGB IX, dass Prävention entsprechend dem in § 3 SGB IX genannten Ziel erbracht wird (Gemeinsame Empfehlung „Prävention nach § 3 SGB IX") vom 16. 12. 2004, abrufbar unter http://www.bar-frankfurt.de/fileadmin/dateiliste/publikationen/gemeinsame-empfehlungen/downloads/Gemeinsame_Empfehlungen_71.pdf.

[4] Zu der Frage, inwieweit dies auch für Beamte gilt, BVerwG vom 24.09.2013 – 2 B 29/12, 2 B 29/12 – juris.

[5] Beachte hierzu insbesondere die Regelungen des ArbSchG sowie des ArbSichG.

[6] Vater/Niehaus, Das Betriebliche Eingliederungsmanagement: Umsetzung und Wirksamkeit aus wissenschaftlicher Perspektive. iga.Report 24 – Betriebliches Eingliederungsmanagement in Deutschland – eine Bestandsaufnahme (S. 13–19).

[7] Vgl. hierzu nur Kreikebohm/Spellbrink/Waltermann – Kohte, Kommentar zum Sozialrecht, § 84 SGB IX Rn. 18 m.w.N..

[8] BAG vom 24.03.2011, 1 AZR 170/10, DB 2011, 1343; BAG vom 30.09.2010, 2 AZR 88/09, NZA 2011, 39.

eigenständiges Instrument etablieren, dessen Entwicklung in der betrieblichen Praxis bei Weitem noch nicht abgeschlossen ist. So ist zum einen festzustellen, dass es auch jetzt noch eine Vielzahl von Unternehmen gibt, die die Anforderungen, die sich im Zusammenhang mit dem BEM ergeben, nicht oder nur unvollkommen erfüllen. **[6]** Darüber hinaus sind gerade in jüngster Zeit eine Reihe von Entscheidungen ergangen, die den Schluss zulassen, dass die Verpflichtung zur Durchführung des BEM nicht nur im Zusammenhang mit Arbeitsverhältnissen zu beachten ist, wobei es nicht darauf ankommt, ob es sich um einen privaten oder öffentlich-rechtlichen Arbeitgeber handelt, sondern auch Beamtenverhältnisse erfasst, die nicht zu den „Arbeitsverhältnissen" zählen und daher auch nicht von den arbeitsrechtlichen Bestimmungen erfasst werden. **[7]** Allein schon aus diesem Grund lohnt sich daher eine Betrachtung dieser arbeitsrechtlichen Einrichtung, die mehr und mehr an Bedeutung gewinnt.

FOLGEN EINES UNTERLASSENEN BETRIEBLICHEN EINGLIEDERUNGSMANAGEMENTS
Obwohl die Durchführung eines betrieblichen Eingliederungsmanagements für den Arbeitgeber verpflichtend ist, ergibt sich weder aus § 84 Abs. 2 SGB IX noch aus dem Bußgeldkatalog des § 155 SGB IX eine unmittelbare Sanktion für den Fall, dass ein solches Verfahren unterbleibt oder ohne ausreichenden Grund vorzeitig abgebrochen wird. Spricht der Arbeitgeber allerdings infolge der krankheitsbedingten Arbeitsunfähigkeit des Arbeitnehmers eine krankheitsbedingte Kündigung aus, wirkt sich ein fehlendes betriebliches Eingliederungsmanagement nach mittlerweile ständiger Rechtsprechung des BAG **[8]** insoweit nachteilig für den Arbeitgeber aus, als er im Rahmen seiner Darlegungs- und Beweislast das Gericht davon zu überzeugen hat, dass auch im Falle der Durchführung eines betrieblichen Eingliederungsmanagements die Kündigung unumgänglich geworden wäre. Da dies auch dann gilt, wenn der betreffende Betrieb nicht unter den Anwendungsbereich des Kündigungsschutzgesetzes fällt, ergeben sich auf diesem Wege deutliche verfahrensrechtliche Nachteile für den Arbeitgeber, der ein betriebliches Eingliederungsmanagement nicht durchführt. Letztendlich entspricht dies aber auch genau dem Ziel des Verfahrens, nämlich die Sicherung

des Arbeitsplatzes für den Arbeitnehmer zu gewährleisten und in diesem Zusammenhang vor einer Kündigung alle Möglichkeiten auszuschöpfen, die eine Beendigung des Arbeitsverhältnisses verhindern könnten.

Abgesehen vor dieser verfahrensrechtlichen Wirkung eines unterlassenen BEM können sich hieraus möglicherweise aber auch diskriminierungsschutzrechtliche Folgen für die Kündigung ergeben, wenn die Krankheit, die zur Kündigung führt, als Behinderung angesehen werden kann und damit der Anwendungsbereich des Allgemeinen Gleichbehandlungsgesetzes (AGG) eröffnet ist. Zwar ist in der Rechtsprechung und Literatur umstritten, inwieweit das AGG im Rahmen von Kündigungsverfahren Anwendung findet **[9]**, doch ist der Vorrang des Kündigungsschutzgesetzes (KSchG) zumindest für diejenigen Betriebe nicht gegeben, die infolge der geringen Betriebsgröße nicht unter den Geltungsbereich dieses Gesetzes fallen. **[10]** Darüber hinaus lässt die jüngste Rechtsprechung des Europäischen Gerichtshofs (EuGH) erkennen, dass eine krankheitsbedingte Kündigung ohne vorherige Durchführung eines betrieblichen Eingliederungsmanagements durchaus als eine Diskriminierung wegen einer bestehenden Behinderung eingestuft werden kann **[11]**, zumal der europarechtliche Begriff der Behinderung deutlich weiter zu fassen ist als der entsprechende Begriff des AGG. **[12]**

BEM IN DER BETRIEBLICHEN PRAXIS

Vor dem Hintergrund der gesetzlichen Rahmenbedingungen und der hierzu bestehenden Rechtsprechung stellt sich für den Arbeitgeber mithin die zentrale Frage, wie ein erfolgreiches BEM organisiert und in die betriebliche Praxis implementiert werden kann. Dabei stehen die Unternehmen noch vor dem zusätzlichen Problem, dass der Gesetzgeber allein die Rechtspflicht zur Durchführung eines BEM normiert, dessen inhaltliche Ausgestaltung aber weitestgehend offengelassen hat. Zwar ist dies dem Umstand geschuldet, dass die einzelnen betrieblichen Gegebenheiten sowie die individuellen Bedürfnisse der betroffenen Arbeitnehmer so unterschiedlich sein können, dass es „DAS" BEM schlichtweg nicht geben kann und sich daher jede inhaltliche Festlegung auf bestimmte Verfahrensfestlegungen verbietet. Gleichwohl sind in der betrieblichen Praxis eine Reihe von grundlegenden Problemstellungen zu erkennen, die nahezu alle Unternehmen betreffen: So ist beispielsweise zu klären, ob und gegebenenfalls wie für ein bestimmtes Unternehmen ein standardisierter Prozess geschaffen werden kann, anhand dessen die Beteiligten entsprechende Verfahren durchführen und dabei insbesondere auch die erforderliche Dokumentation und den Datenschutz gewährleisten können. Darüber hinaus lässt sich vielfach beobachten, dass die betroffenen Arbeitnehmerinnen und Arbeitnehmer immer wieder Bedenken haben, sich einem BEM zu öffnen, beispielsweise aufgrund der Befürchtung, hierdurch sehr persönliche und möglicherweise auch kündigungsrelevante Informationen preisgeben zu müssen oder schlichtweg aus Unwissenheit, was unter einem entsprechenden Verfahren zu verstehen ist und welchem Ziel es dient. Oftmals unklar ist ferner die Rolle der jeweiligen Führungskraft und deren Einbeziehung in den BEM-Prozess. Auch hier sind vielfältige Unsicherheiten zu beobachten, die

[9] Vgl. dazu den Überblick bei Kreikebohm/Spellbrink/Waltermann – Kohte, Kommentar zum Sozialrecht, § 84 SGB IX Rn. 33 ff. m.w.N.

[10] Vgl. hierzu die Festlegungen in § 23 Abs. 1 KSchG.

[11] EuGH vom 11.04.2013, C-335/11 u. C-337/11, NZA 2013, 553.

[12] Kreikebohm/Spellbrink/Waltermann – Kohte, Kommentar zum Sozialrecht, § 84 SGB IX Rn. 33 f. m.w.N.

von der Frage reichen, ab welchem Zeitpunkt und bis wann ein Vorgesetzter miteinzubeziehen ist, bis hin zu der Überlegung, dass der Vorgesetzte möglicherweise auch eigene Interessen im Rahmen eines betrieblichen Eingliederungsverfahrens verfolgen könnte und gegebenenfalls eher Teil des Problems, als Teil der Lösung ist. Schließlich besteht auch auf Seiten der Arbeitgeber häufig die Unsicherheit, bis zu welchem Punkt ein betriebliches Eingliederungsmanagement betrieben werden muss und ob es möglicherweise Arbeitnehmern gelingen könnte, durch das Verschleppen eines entsprechenden Verfahrens einer eigentlich gebotenen Kündigung zu entgehen.

ZUSAMMENFASSUNG

Zusammenfassend lässt sich feststellen, dass der Gesetzgeber mit der Einführung der gesetzlichen Verpflichtung zur Durchführung eines betrieblichen Eingliederungsmanagements den Unternehmen ein Verfahren auferlegt hat, dessen inhaltliche Ausgestaltung auch gute zehn Jahre nach Inkrafttreten des § 84 Abs. 2 SGB IX immer noch vielfältige Fragen aufwirft, die sich einer allgemein verbindlichen Lösung entziehen. Auf der anderen Seite ist aber auch festzuhalten, dass die Einführung und konsequente Durchführung eines strukturierten betrieblichen Eingliederungsmanagements für die einzelnen Arbeitgeber eine hervorragende Möglichkeit eröffnet, den teilweise erheblichen krankheitsbedingten Fehlzeiten, die insbesondere bei langzeiterkrankten Arbeitnehmerinnen und Arbeitnehmern auftreten können, entgegenzuwirken und damit die betriebliche Personalstruktur insgesamt positiv zu beeinflussen.

ARBEITS- UND GESUNDHEITS- SCHUTZ FÜR „LAPTOP- NOMADEN"

Eveline Mäthner | Matthias Becker | Jochen Prümper

Diese Arbeit entstand im Rahmen des Projekts „UseTree". „UseTree" wird als Teil der Förderinitiative „Einfach intuitiv – Usability für den Mittelstand" im Rahmen des Förderschwerpunkts „Mittelstand-Digital – IKT-Anwendungen in der Wirtschaft" vom Bundesministerium für Wirtschaft und Energie (BMWi) gefördert (Förderkennzeichen 01MU12023; Projektlaufzeit: 01.11.2012 – 31.10.2015).

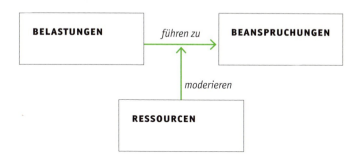

Abbildung 1: Belastungs-/Beanspruchungsmodell

LAPTOP-NOMADEN

Unternehmen statten ihre Beschäftigten zunehmend mit Laptops, Smartphones und mobilen Internetverbindungen aus, damit diese ihre Arbeitsaufgaben in Abhängigkeit von den Erfordernissen direkt vor Ort beim Kunden, im Zug oder im Wartebereich des Flughafens erledigen können. Ein Viertel der Beschäftigten in Europa sind zumindest für einen Teil ihrer Arbeitszeit als „Laptop-Nomaden" unterwegs – der prototypische Vertreter ist männlich, hochqualifiziert, 35–49 Jahre alt und im Bereich der (Finanz-)Dienstleistung, Bildung oder Verwaltung tätig (Eurofound, 2012). Er führt seinen „Schreibtisch" in der Aktentasche mit sich um im Zugrestaurant oder im Wartebereich des Flughafens Abschlusspräsentationen, Geschäftsberichte und wissenschaftliche Artikel zu verfassen.

Diese Entkopplung der Arbeitsausführung von einem festen Arbeitsort sowie von regelmäßiger Arbeitszeit birgt für die Umsetzung des betrieblichen Arbeits- und Gesundheitsschutzes eine Reihe neuer und spezifischer Herausforderungen. Dementsprechend ist die Entwicklung einer ganzheitlichen und gleichermaßen praktikablen Herangehensweise in der Durchführung von Gefährdungsbeurteilungen sowie der Entwicklung wirksamer Maßnahmen erforderlich.

SPEZIFISCHE ARBEITSBELASTUNGEN UND
-BEANSPRUCHUNGEN VON „LAPTOP-NOMADEN"

Möchte man sich mit den spezifischen Arbeitsbelastungen und -beanspruchungen von „Laptop-Nomaden" auseinandersetzen, so lohnt ein Blick auf das in den Arbeitswissenschaften etablierte Belastungs- und Beanspruchungsmodell (vgl. DIN EN ISO 10075-1, 2000; Rohmert, Rutenfranz, 1975), in der eine Differenzierung von Belastungen, Beanspruchungen und Ressourcen vorgenommen wird **[siehe Abbildung 1]**.

ARBEITSBELASTUNGEN

Arbeitsbelastungen beschreiben „die Gesamtheit der äußeren Bedingungen und Anforderungen im Arbeitssystem, die auf den physiologischen und/oder psychologischen Zustand einer Person einwirken" (vgl. DIN EN ISO 6385, 2004, S. 6). Orientiert man sich an der DIN EN ISO 6385 (2004; für eine Orientierung an den betrieblichen Gestaltungsfeldern „Mensch–Technik–Organisation–Recht" vgl. Becker/Prümper, in Druck), so lassen sich in diesem Zusammenhang fünf Gestaltungsebenen differenzieren: die der Arbeitsaufgabe, der Arbeitsorganisation, der sozialen Bedingungen, der Arbeitsplatz- und Arbeitsumgebungsbedingungen sowie der Arbeitszeit.

Auf der Ebene der Arbeitsaufgabe ist für „Laptop-Nomaden" häufig ein erhöhter Grad von Autonomie zu beobachten (Eurofound, 2012). Obwohl hohe Freiheitsgrade im Belastungs-/Beanspruchungsmodell klassisch als ein positives Gestaltungsmerkmal der Arbeit (und damit eigentlich als Ressource, vgl. Abb. 1) zu werten sind, liegt in der „großen individuellen Freiheit" die Herausforderung des ständigen „Sich-selbst-organisieren-müssens" in einer unstrukturierten und sehr dynamischen Arbeitssituation (von Harten/Heß/Martin/Scherrer/Weddige, 2005), welche darüber hinaus meist auch durch eine hohe quantitative Arbeitsbelastung gekennzeichnet ist.

Im Bereich der Arbeitsorganisation besteht für „Laptop-Nomaden" eine Besonderheit bzgl. der Nutzung von E-Mail und Mobiltelefon zu Kommunikationszwecken. Durch die eingeschränkte persönliche Kommunikation mit Kolleginnen und Kollegen ergibt sich eine Abhängigkeit des Informationsflusses von technischen Kommunikationsmitteln (Brandt, 2010) und hieraus wiederum das Phänomen der „ständigen Erreichbarkeit", welches Risiken für die Verwischung der Grenzen von Arbeit- und Privatleben beinhaltet (Strobel, 2013).

Im Bereich der sozialen Bedingungen seien die durch das individuelle Arbeiten bedingte fehlende soziale Unterstützung und Isolation der „Laptop-Nomaden" angesprochen, die wiederum besondere Anforderungen an Führung und Supervision mit sich bringt (Weber/Sawodny/Rundnagel, 2010).

Der potenziell ständig wechselnde Tätigkeitsbereich stellt bei „Laptop-Nomaden" eine Besonderheit in den Arbeitsplatz- und Arbeitsumgebungsbedingungen dar, die durch wechselnde physikalische Faktoren (z. B. Licht, Temperatur, Klima) gekennzeichnet sind. Ungewöhnliche Arbeitsorte gehen zudem häufig mit dem Nichtvorhandensein ergonomischen Mobiliars einher (European Commission, 2010).

Auf der Ebene der Arbeitszeit stellen für „Laptop-Nomaden" eine höhere durchschnittliche Stundenzahl, Arbeit am Wochenende, an Feiertagen und am Abend sowie kurzfristige Änderungen ihrer Arbeitspläne häufig anzutreffende Rahmenbedingungen dar (Eurofound, 2012).

ARBEITSBEANSPRUCHUNG

Arbeitsbeanspruchung beschreibt die „innere Reaktion des Arbeitenden/Benutzers auf die Arbeitsbelastung, der er ausgesetzt ist und die von seinen individuellen Merkmalen (z. B. Größe, Alter, Fähigkeiten, Begabungen, Fertigkeiten usw.) abhängig ist (vgl. DIN EN ISO 6385, 2004, S. 5). Beanspruchungsfolgen können physischer wie auch psychischer Natur sein, mit sowohl positiven als auch negativen Folgen.

So stellen etwa Anregungs- oder Aktivierungseffekte – beispielsweise durch Arbeitserleichterungen, die neue Technologien mit sich bringen – mögliche positive psychische Beanspruchungsfolgen dar. Darüber hinaus können durch die mit dem Ortswechsel verbundene körperliche Bewegung und Aktivierung positive physische Beanspruchungsfolgen entstehen.

Hinsichtlich der negativen physischen Beanspruchungsfolgen zeigen Studien, dass Laptop-Nutzer insbesondere einen erhöhten Anteil an Muskel-Skelett-Beschwerden (Vickery, 2000) und Nutzer von Mobiltelefonen einen erhöhten Anteil an Hals- und Schulterbeschwerden (Chany/Marras/Burr, 2007) aufweisen. Mehr als drei Viertel der „Laptop-Nomaden" berichten darüber hinaus psychische Beanspruchungssymptome, wie z. B. innere Unruhe und Anspannung, vorzeitige Müdigkeit, Konzentrationsstörungen, gesteigerte Reizbarkeit und Nervosität (Bretschneider-Hagemes, 2011).

RESSOURCEN

Unternehmen und deren mobil Beschäftigte befinden sich in einem Spannungsfeld, welches hohe Anforderungen an die Verfügbarkeit organisationaler, sozialer aber auch individueller Ressourcen stellt. Ressourcen beeinflussen im Zusammenwirken mit den Belastungen der Arbeitssituation die Entstehung von Beanspruchungsfolgen entscheidend mit und stellen daher eine wesentliche Stellschraube für die Arbeitsgestaltung dar.

Auf der organisationalen Ebene stellt die Sicherstellung von permanent erreichbarer technischer Unterstützung für „Laptop-Nomaden" eine wichtige Ressource dar. So kann beispielsweise das Angebot betrieblicher Unterstützung bei der Kinderbetreuung einen entlastenden Beitrag zur Vereinbarkeit des Berufs- und Privatlebens bilden (European Commission, 2010).

Der Aufbau individueller Ressourcen ermöglicht „Laptop-Nomaden" einen stressfreieren Umgang mit der räumlichen Mobilität. Eine wichtige Rolle spielen in diesem Zusammenhang nutzerorientierte Trainings, da einer adäquaten Nutzung der Technologie eine Schlüsselrolle bei der Bewältigung der Arbeitsaufgaben zukommt (Hupfeld/Brodersen/Herdegen, 2013). Hier wird Handlungsbedarf offensichtlich – unter den beruflichen IKT-Nutzern drückte fast jeder fünfte Befragte seinen Bedarf nach Schulungen aus (Eurofound, 2012). Weitere Qualifikationsangebote liegen in der Entwicklung individueller Kompetenzen wie etwa Zeit- und Selbstmanagement, soziale Kompetenz, Konfliktbewältigungsfähigkeit, Stressbewältigung, persönliches Gesundheitsmanagement sowie Work-Life-Balance (Rundnagel, 2014).

Soziale Ressourcen erlauben es „Laptop-Nomaden" auch weit entfernt vom betrieblichen Geschehen notwendige Kommunikations- und Kooperationsbeziehungen zu entwickeln und aufrechtzuerhalten. Eine wichtige soziale Ressource stellt beispielsweise die Etablierung regelmäßiger Feedback-Gespräche durch die Führungskraft oder die Möglichkeit regelmäßiger persönlicher Meetings mit den Kolleginnen und Kollegen dar (European Commission, 2010).

GEFÄHRDUNGSBEURTEILUNGEN FÜR „LAPTOP-NOMADEN"

Zur Sicherstellung des Arbeits- und Gesundheitsschutzes besteht analog zu ortsfesten Arbeitsplätzen auch bei mobiler Arbeit gemäß § 5 Arbeitsschutzgesetz (ArbSchG, 1996) und Unfallverhütungsvorschrift der Gesetzlichen Unfallversicherung (DGUV, 2004) die gesetzliche Verpflichtung zur systematischen Durchführung von Gefährdungsbeurteilungen. Deren konkrete Umsetzung gestaltet sich für mobile Arbeit in der Praxis jedoch deutlich anspruchsvoller als an nicht mobilen Arbeitsplätzen (Calle-Lambach/Prümper, in Vorb.). Insbesondere aus der Kombination der möglichen Arbeitsorte (Besprechungsraum, Zug, Flugzeug, Auto), der Umgebungsbedingungen (z. B. Wetter, Sonneneinstrahlung, Temperatur), Arbeitsmittel (z. B. genutzte Informations- und Kommunikationstechnik) und der jeweiligen Arbeitsumgebung (z. B. Mobiliar) ergibt sich eine Anzahl nahezu unendlicher verschiedener Tätigkeitsbereiche (vgl. hierzu auch DIN EN 12464-1, 2011; DIN EN 12464-2, 2013). Zudem stellt der gesetzliche Anspruch, Gefährdungspotenziale tätigkeitsbezogen – bei mobiler Arbeit also für sämtliche Tätigkeiten (vgl. hierzu DIN EN ISO 6385, 2004) – zu beurteilen, bereits in der vorbereitenden Phase der Tätigkeitsanalyse eine besondere Herausforderung dar.

Im Sinne einer praktikablen Herangehensweise empfiehlt die Europäische Kommission (European Commission, 2010) deshalb zunächst diejenigen Bereiche zu identifizieren, von denen die größte Gesundheitsgefährdung ausgeht und in welchen eine Festlegung wirksamer Maßnahmen der Verhältnisprävention im Rahmen des betrieblichen Arbeits- und Gesundheitsschutzes überhaupt getroffen werden kann. Dahinter steht die Überlegung, dass sich eine effektive Verhältnisprävention ausschließlich bei ausreichend konstanten Gefährdungsbereichen umsetzen lässt (z. B. Vereinbarung von Ruhezeiten, um die Risiken der ständigen Erreichbarkeit zu verringern). Sich unvorhersehbar und nicht kontrollierbar verändernde Arbeitsbedingungen (wie z. B. der Lärmpegel im Zug) sollten hingegen im Rahmen der Verhaltensprävention durch Unterweisung und Qualifizierung der Beschäftigten vermindert werden. Handlungshilfen zur Gestaltung mobiler Arbeit (DGUV, 2012) bieten hier zusätzlich zur „Leitlinie Gefährdungsbeurteilung und Dokumentation" der Nationalen Arbeitsschutzkonferenz (GDA, 2011) erste Ansatzpunkte in der Identifikation besonders kritischer Bereiche. Betriebsvereinbarungen, in denen der Arbeits- und Gesundheitsschutz für „Laptop-Nomaden" geregelt wird, stellen auf betrieblicher Ebene eine wichtige Maßnahmen dar, um im Sinne einer Systemprävention dieser noch jungen Arbeitsform gerecht zu werden (Heß/Weddinge, 2005).

Literaturverzeichnis

ArbSchG (1996). Arbeitsschutzgesetz – Gesetz über die Durchführung von Maßnahmen des Arbeitsschutzes zur Verbesserung der Sicherheit und des Gesundheitsschutzes der Beschäftigten bei der Arbeit.

Becker, M., Prümper, J. (in Druck). Herausforderung mobile Arbeit – betriebliche Gestaltungsfelder. In G. Görlitz (Hrsg.), Innovative Lösungen in den Bereichen Mobile Computing und Eco-Mobilität. Berlin: Wissenschaftsverlag.

Brandt, C. (2010). Mobile Arbeit – Gute Arbeit. Arbeitsqualität und Gestaltungsansätze bei mobiler Arbeit. Berlin: ver.di.

Bretschneider-Hagemes, M. (2011). Belastungen und Beanspruchungen bei mobiler IT-gestützter Arbeit – Eine empirische Studie im Bereich mobiler, technischer Dienstleistungen. Zeitschrift für Arbeitswissenschaft, 65(3), 223–233.

Calle-Lambach, I., Prümper, J. (in Vorb.). Mobile Bildschirmarbeit: Ist für die Arbeit an mobil einsetzbaren IT Geräten die Bildschirmarbeitsverordnung zu beachten? Neue Zeitschrift für Arbeitsrecht.

Chany, A., Marras, W. S., Burr, D. L. (2007). The effect of phone design on upper extremity discomfort and muscle fatigue. Human Factors, 49(4), 602–618.

DGUV – Deutsche Gesetzliche Unfallversicherung (2004). Unfallverhütungsvorschrift. Grundsätze der Prävention. Berlin: DGUV.

DGUV – Deutsche Gesetzliche Unfallversicherung (2012). BGI/GUV-I 8704: Belastungen und Gefährdungen mobiler IKT-gestützter Arbeit im Außendienst moderner Servicetechnik. Handlungshilfe für die betriebliche Praxis – Gestaltung der Arbeit. Berlin: DGUV.

DIN EN ISO 6385 (2004). Grundsätze der Ergonomie für die Gestaltung von Arbeitssystemen. Berlin: Beuth.

DIN EN ISO 10075-1 (2000). Ergonomische Grundlagen bezüglich psychischer Arbeitsbelastung Teil 1: Allgemeines und Begriffe. Berlin: Beuth.

DIN EN 12464-1 (2011). Licht und Beleuchtung – Beleuchtung von Arbeitsstätten – Teil 1: Arbeitsstätten in Innenräumen. Berlin: Beuth.

DIN EN 12464-2 (2013). Licht und Beleuchtung – Beleuchtung von Arbeitsstätten – Teil 2: Arbeitsstätten im Freien. Berlin: Beuth.

Eurofound (2012). 5th European Working Conditions Survey. Luxembourg: Publications Office of the European Union.

European Commission (2010). The increasing use of portable computing and communication devices and its impact on the health of EU workers. Luxembourg: Publications Office of the European Union.

GDA – Gemeinsame Deutsche Arbeitsschutzstrategie (2011). Leitlinie Gefährdungsbeurteilung und Dokumentation. Berlin: Geschäftsstelle der Nationalen Arbeitsschutzkonferenz.

von Harten, G., Heß, K., Martin, P., Scherrer, K., Weddige, F. (2005). Mobile Arbeit. Das allmähliche Verschwinden der Trennung von Arbeit und Freizeit. Oberhausen: TBS.

Heß, K. & Weddinge, F. (2005). Regelungen und Mitbestimmung bei mobiler Arbeit. Computer-Fachwissen, 7/8, 7–11.

Hupfeld, J., Brodersen, S., Herdegen, R. (2013). Arbeitsbedingte räumliche Mobilität und Gesundheit. iga-Report 25. Initiative Gesundheit und Arbeit.

Rohmert, W., Rutenfranz, J. (1975). Arbeitswissenschaftliche Beurteilung der Belastung und Beanspruchung an unterschiedlichen industriellen Arbeitsplätzen. Bonn: Bundesministerium für Arbeit und Sozialordnung.

Rundnagel, R. (2014). ergo-online. Wissensbaustein Mobiles Arbeiten. Zugriff am 29. Januar 2014, von http://www.ergo-online.de/site. aspx?url=html/wissensbausteine/mobiles_arbeiten/wissen.htm

Strobel, H. (2013). Auswirkungen von ständiger Erreichbarkeit und Präventionsmöglichkeiten. iga-Report 23. Initiative Gesundheit und Arbeit.

Vickery, J. (2000). An epidemiological survey of musculoskeletal disorders, and their clinical management in a large company in the UK (M. Sc. Thesis). Robens Centre for Health Ergonomics: University Surrey.

Weber, A., Sawodny, N., Rundnagel, R. (2010). Laptop Nomaden – Wege aus der Gesundheitsfalle. In C. Brandt (Hrsg.), Mobile Arbeit – Gute Arbeit? Arbeitsqualität und Gestaltungsansätze bei mobiler Arbeit. Berlin: ver.di, 95–100.

DIE AUTORINNEN UND AUTOREN

Prof. Dr.
ANETT BAILLEU

ist seit 2012 Professorin für Elektrische Messtechnik an der HTW Berlin. Zu ihren Forschungsschwerpunkten zählen multimodale Messsysteme und die Entwicklung von Klassifizierungssystemen. Anett Bailleu war an der Entwicklung von ultraschallbasierter Sensorik für die respiratorische Diagnostik sowie von implantierbaren Kunstherzsystemen beteiligt und hat umfangreiche Erfahrungen bei der Detektion und Analyse von Vitalparametern im Umfeld der biometrischen Identifikation. Von 1998 bis 2012 war sie als Entwicklungsingenieurin und Projektleiterin der Bundesdruckerei GmbH an der Entwicklung fälschungssicherer Merkmale und der Entwicklung einschlägiger Erkennungssysteme beteiligt. Aus dieser Tätigkeit resultieren zahlreiche Patentanmeldungen.

Prof. Dr.
CLAUDIA BALDAUF

promovierte nach dem Studium der Chemie in Münster 1994 in der Arbeitsgruppe Prof. Cammann mit dem Thema HPLC/MS-Kopplung. Daran schloss sich eine fünfjährige Tätigkeit innerhalb der Wessling GmbH in Altenberge an. Dort leitete sie zunächst das Entwicklungslabor in den Chemischen Laboratorien Dr. Weßling und wechselte danach zum Ingenieurbüro Dr. Weßling Beratende Ingenieure, wo sie die Laborakkreditierungen für alle sechs deutschen Standorte betreute. Anschließend baute sie eine Abteilung für die technische Unternehmensberatung mit den Schwerpunkten Hygiene, Qualitäts- und Umweltmanagement auf. 1999 wurde Claudia Baldauf als Professorin an die HTW Berlin berufen. 2006 konzipierte sie den konsekutiven Bachelor-/Masterstudiengang Life Science Engineering.

194

Prof. Dr.
BRIGITTE
CLEMENS-ZIEGLER

ist seit 1992 Professorin für Betriebswirtschaftslehre mit den Schwerpunkten Marketing, Marktforschung und Unternehmensführung an der HTW Berlin. Die Berufstätigkeit führte sie als wissenschaftliche Mitarbeiterin an das Wissenschaftszentrum Berlin und als Studienleiterin zu Infratest Wirtschaftsforschung München. Über zehn Jahre war sie an der Freien Universität Berlin am Institut für Markt- und Verbrauchsforschung (später: Institut für Marketing) tätig, wo sie 1983 promovierte. Lehr- und Forschungsschwerpunkte im Bereich Marketing sind insbesondere das Hochschul- und Non-Profit-Marketing sowie die Marktforschung; hier betreute sie in Kooperation mit TCP etliche Untersuchungen zur Krankenkassenkommunikation.

Dipl. Psych.
MATTHIAS
BECKER

ist Diplom-Psychologe und als Berater bei der bao GmbH Berlin sowohl im betrieblichen Gesundheitsmanagement, in der IT-Beratung und in der anwendungsorientierten Forschung tätig als auch in der Analyse und Gestaltung von Arbeits- und Organisationsprozessen. Seine Arbeitsschwerpunkte liegen im Bereich der Durchführung von Gefährdungsbeurteilungen sowie der Begleitung bei der Einführung neuer Technologien.

Prof. Dr.-Ing. habil.
ANJA
DREWS

studierte Verfahrenstechnik an der Technischen Universität Berlin und am University College Dublin. Zu ihren Forschungsgebieten zählen insbesondere Membranbioreaktoren zur biotechnologischen Produktion oder Abwasserreinigung. In diesem Bereich promovierte und habilitierte sie sich auch an der Technischen Universität Berlin. Nach einer Tätigkeit als Lecturer an der University of Oxford wurde Anja Drews 2009 an die HTW Berlin berufen. Hier beschäftigt sie sich weiterhin mit vielfältigen Aspekten der Membrantechnik, derzeit insbesondere mit ihrer Anwendung in mehrphasigen (bio-)katalysierten Reaktionen zur effizienten und ressourcenschonenden Wertstoffproduktion.

M. Sc.
MELANIE
BLEY

absolvierte ein Studium im Fach Bekleidungstechnik/Konfektion an der HTW Berlin. Im Anschluss daran war sie als wissenschaftliche Mitarbeiterin im Forschungsprojekt „Matching" beschäftigt und betreute dabei die Themen Dreidimensionale Körpervermessung sowie Simulation von Bekleidungsstücken. Seit 2013 ist sie als Laboringenieurin an der HTW Berlin tätig.

Prof. Dipl.-Ing.
ELKE FLOSS

studierte Bekleidungstechnik in Berlin und Textiltechnik an der Technischen Universität Chemnitz. Nach einer Tätigkeit als Ingenieurin in der Industrie ist sie seit vielen Jahren in der Lehre tätig, u. a. an der Westsächsischen Hochschule und der Hochschule Niederrhein. Seit 2002 ist Elke Floß Professorin an der HTW Berlin. Sie lehrt und forscht im Studiengang Bekleidungstechnik/Konfektion mit den Schwerpunkten Fertigungstechnik, computergestützte Schnittkonstruktion und Produktentwicklung. Forschungsgebiete sind die Anwendung dreidimensionaler Body-Scan-Verfahren, virtuelle Simulationstechnik und Integration funktionaler Elemente in die Bekleidung.

Prof. Dr. rer.pol.
GERNOLD P. FRANK

ist Professor für Betriebswirtschaftslehre an der HTW Berlin sowie Sprecher des Masterstudiengangs Arbeits- und Personalmanagement. Gernold Frank realisierte Projekte zum informellen Lernen und zur Nutzung von Web 2.0 sowie im Bereich Gesundheit. Er ist Mitglied der Projektleitung im Forschungsprojekt eKompetenz sowie Mit-Initiator und wissenschaftlicher Beirat des eLearning Competence Center an der HTW Berlin. Gernold Frank wirkte als Teilprojekt-Leiter an dem Forschungsprojekt PflegeLanG mit und leitet derzeit das Verbundprojekt ZukunftPflege sowie dasForschungsprojekt IBenC – Identifying best practices for care-dependent elderly by Benchmarking Costs and outcome sof Community Care. Gernold Frank hält regelmäßig Vorträge und ist Autor zahlreicher Veröffentlichungen.

Prof. Dr.
JACQUELINE FRANKE

studierte Biotechnologie an der Humboldt-Universität zu Berlin und an der Technischen Universität Berlin und promovierte an der Charité und am Max-Delbrück-Centrum für Molekulare Medizin. Als wissenschaftliche Mitarbeiterin untersuchte sie die Themen Proteinfaltung und Alterung an der University Pittsburgh, am Memorial Sloan Kettering Cancer Research Center, New York, am Max-Planck-Institut für Molekulare Genetik und am Zentrum für Medizinische Biotechnologie, Universität Duisburg-Essen. Seit 2007 ist Jacqueline Franke Professorin für Molekulare Biotechnologie im Studiengang Life Science Engineering der HTW Berlin. Sie ist auch Sprecherin des Forschungsclusters Gesundheit.

Prof. Dr.-Ing.
FRANK FUCHS-KITTOWSKI

studierte Informatik an der Technischen Universität Berlin sowie Computer Linguistik an der Manchester University und war Stipendiat der Studienstiftung des Deutschen Volkes. Er arbeitete als wissenschaftlicher Mitarbeiter, Projektleiter und Gruppenleiter am Fraunhofer-Institut für Software- und Systemtechnik ISST und promovierte zum Dr.-Ing. an der Technischen Universität Berlin. Seit 2009 ist Frank Fuchs-Kittowski Professor an der HTW Berlin. Den Schwerpunkt seiner Lehr- und Forschungstätigkeit bilden mobile geodatenbasierte Anwendungen im Umwelt- und Gesundheitsbereich.

Prof. Dr.
VJENKA GARMS-HOMOLOVÁ

ist Diplom-Psychologin, Soziologin, Professorin (Emerita) für Gesundheitsmanagement der Alice Salomon Hochschule Berlin und Honorarprofessorin für Versorgungsforschung an der Technischen Universität Berlin. Als Senior Researcher an der HTW Berlin beschäftigt sie sich derzeit mit dem Verhältnis von Pflegequalität und Pflegeaufwand. Die Forschungstätigkeit von Vjenka Garms-Homolová führte zu zahlreichen wissenschaftlichen und populärwissenschaftlichen Veröffentlichungen. Sie befasst sich auch mit der Entwicklung und Implementierung standardisierter klinischer Assessments für die Forschung und Praxis der Langzeitversorgung und Geriatrie.

M. Sc.
JANA GAMPE

war nach ihrem Masterstudium Public Health and Administration in mehreren Forschungsprojekten tätig, zunächst als wissenschaftliche Mitarbeiterin im Forschungsprojekt Gesundheitsökonomische Evaluation von Gesundheitsangeboten an der Hochschule Neubrandenburg, sodann als stellvertretende Projektleiterin im Forschungsprojekt InnoGema- Netzwerkentwicklung für innovatives Gesundheitsmanagement an der HTW Berlin. Danach oblag ihr die spezialisierte ambulante Palliativversorgung in der Qualitätssicherung der Kassenärztlichen Vereinigung Berlin. Seit Oktober 2012 wirkt Jana Gampe am Forschungsprojekt ZukunftPflege mit. Beide Projekte sind IFAF-Verbundprojekte der Alice Salomon Hochschule Berlin und der HTW Berlin. Jana Gampe ist Autorin diverser Veröffentlichungen.

Dr.-Ing.
OMAR GUERRA-GONZALEZ

studierte Chemieingenieurwesen an der Technischen Universität Dortmund. Der Promotion folgten Tätigkeiten in der industriellen Forschung und Entwicklung mit den Schwerpunkten Filtration und Separation von Flüssigkeiten und Gasen. Seit 2008 ist Omar Guerra-Gonzalez im Bereich der Luftfiltration bei der Blücher GmbH tätig.

Prof. Dr.

HERMANN HESSLING

studierte Physik an den Universitäten Münster, Göttingen und Hamburg. Nach einer Promotion in Theoretischer Physik ging er 1993 an das Deutsche Elektronen-Synchrotron (DESY) und wechselte 1996 zu einem IT-Unternehmen. Seit 2000 ist er Professor für Angewandte Informatik an der HTW Berlin.

Prof.

KATRIN HINZ

schloss das Studium der Architektur mit dem Diplom an der Kunsthochschule Berlin-Weißensee ab. Seit 1994 ist sie Professorin im Studiengang Kommunikationsdesign an der HTW Berlin. Zu ihren Schwerpunkten zählen Visuelle Gestaltung, 3D-Design, Orientierung, Designmanagement und Universal Design Thinking. Katrin Hinz ist Initiatorin des Kompetenzfeldes Universal Design Thinking. Sie agiert international u. a. in Indien und Ägypten. An der German University in Kairo ist sie Gastprofessorin.

Prof. Dr.-Ing.

GERHARD HÖRBER

arbeitete nach dem Studium Maschinenbau und seiner Promotion an der Technischen Universität München u. a. als Leiter der Abteilung Forschung & Entwicklung für ein Ingenieurbüro und als Mitglied der Geschäftsleitung für eine Berliner Unternehmensgruppe im Bereich Entsorgung, Umwelttechnik und -management sowie Gesundheitswesen. 1995 wurde er an die Hochschule Bremen berufen. 1996 wechselte er als Professor an die HTW Berlin. Bis 2002 lehrte er im Studiengang Umweltverfahrenstechnik, seitdem im Studiengang Maschinenbau und Fahrzeugtechnik.

Prof. Dr. rer. nat.

HANS HENNING VON HORSTEN

ist seit 2013 Professor für Industrielle Produktionsverfahren im Studiengang Life Science Engineering an der HTW Berlin. Zu seinen Spezialgebieten gehören die Produktion und Qualitätssicherung komplexer Biopharmazeutika. Hans Henning von Horsten war nach seiner Promotion mehrere Jahre in der akademischen Grundlagenforschung in den USA tätig, ehe er in die Geschäfts- und Technologie-Entwicklung der ProBioGenAG wechselte. Schwerpunkte seiner Lehre und Forschung an der HTW Berlin sind Produktionsverfahren, Prozesshygiene, Angewandte Biotechnologie, Qualitäts- und Produktionsmanagement.

Dr.
EVELYN
KADE-LAMPRECHT

ist Leiterin Market Services von TCP Terra Consulting Partners GmbH. Nach dem Studium der Betriebswirtschaftslehre absolvierte sie als Stipendiatin des Schweizer Bundesrates ein Studium im Bereich Marketing, Absatz und Handel an der Universität St. Gallen. Im Anschluss an ihre Promotion und nach beruflichen Stationen als Strategieberaterin bei Roland Berger & Partner war sie als Vorstandsassistentin in einem internationalen Handelskonzern tätig. Seit 1999 ist sie Partnerin von TCP für den Bereich Marktforschung. Unter ihrer Federführung entstanden zahlreiche Studien zu Marketing und Kommunikation von Krankenkassen.

Dipl.-Ing. (FH)
DIRK
JARZYNA

studierte Physikalische Technik an der Fachhochschule München. Danach arbeitete er an der Universität Duisburg im Fachbereich Prozess- und Aerosolmesstechnik, wo er u. a. mit Analysen von Partikeln und Filtern betraut war. Darüber hinaus war er am Aufbau der notifizierten Messstelle im Bereich der Emissions- und Immissionsmessungen des Instituts für Energie- und Umwelttechnik e. V. beteiligt. Dort ist er seit 2007 im Bereich der Messstelle tätig, wo er neben seiner Tätigkeit als Qualitätsmanager Messungen und Analysen im Bereich der Emission und Immission durchführt.

M. Sc.
DAVID
KOSCHNICK

studierte betriebliche Umweltinformatik an der HTW Berlin. 2012 wurde er für seine Masterarbeit mit dem Absolventenpreis der HTW Berlin ausgezeichnet. Von 2010 bis 2012 war er im Fritz-Haber-Institut der Max-Planck-Gesellschaft tätig. Gegenwärtig arbeitet David Koschnick als wissenschaftlicher Mitarbeiter an der Humboldt-Universität zu Berlin und fertigt seine Dissertation an. Forschungsschwerpunkte sind Softwarearchitekturen, Prozessoptimierung und die Entwicklung von mobilen Anwendungen im Gesundheitsbereich.

B. Sc.
JOHANNES
JÜTTNER

hat eine Ausbildung zum Fachinformatiker – Anwendungsentwicklung am Bundesverwaltungsamt absolviert und war anschließend zwei Jahre als Webentwickler tätig. Derzeit studiert er an der HTW Berlin im Masterstudiengang Betriebliche Umweltinformatik.

Dipl.-Psych.

EVELINE MÄTHNER

absolvierte nach ihrem Psychologiestudium eine Ausbildung zur Verhaltens- und Kommunikationstrainerin und ist seit 2003 als Beraterin und Trainerin tätig. Ihre Beratungs- und Forschungsschwerpunkte liegen im Bereich des betrieblichen Arbeits- und Gesundheitsschutzes, der Evaluation von Personalentwicklungsmaßnahmen, der Konzeption und Auswertung von Studien und der Begleitung von Organisationsentwicklungsmaßnahmen im Rahmen des betrieblichen Gesundheitsmanagements. An der HTW Berlin lehrt sie als Dozentin für empirische Forschungsmethoden und General Business Topics.

Prof. Dr. rer. nat.

DAGMAR KREFTING

lehrt und forscht auf dem Gebiet der verteilten Systeme und IT-Sicherheit und legt dabei den Schwerpunkt auf medizinische Fragestellungen. Sie ist Professorin im Studiengang Informatik und Wirtschaft und Mitglied des Forschungsclusters Gesundheit der HTW Berlin. In verschiedenen Drittmittelprojekten entwickelt Dagmar Krefting kollaborative und skalierbare IT-Systeme für die klinische Forschung, insbesondere für die sichere, effiziente und nutzerfreundliche Analyse großer Bild- und Signaldaten.

PD Dr.

LEI MAO

studierte Veterinärmedizin, Biotechnologie und Bioinformatik in Peking und Berlin und fertigte ihre Doktorarbeit im Bereich Genetik und mathematische Modellierung an. Danach war sie an der Charité und am Max-Planck-Institut für Molekulare Genetik tätig. Lei Mao habilitierte sich auf dem Gebiet Systembiologie der Alterung und neurodegenerativer Krankheiten. Seit 2012 ist sie wissenschaftliche Mitarbeiterin im Studiengang Life Science Engineering der HTW Berlin und Privatdozentin an der Charité Berlin.

Dipl.-Biochem.

RENÉ LANG

studierte Biochemie an der Freien Universität Berlin und fertigte seine Diplomarbeit zum Thema Metallothioneine an der Technischen Universität Berlin an. Seit 2010 ist er wissenschaftlicher Mitarbeiter im Studiengang Life Science Engineering der HTW Berlin.

Prof. Dr.
ROMY
MORANA

ist seit 2008 Professorin für das Fachgebiet Betriebliches Umweltmanagement im Studiengang Umweltinformatik der HTW Berlin. Nach einer Ausbildung zur Groß- und Außenhandelskauffrau studierte sie an der Technischen Universität Berlin Betriebswirtschaftslehre und Umweltwissenschaften. 2005 promovierte sie an der Carl von Ossietzky Universität Oldenburg. Seit 2007 arbeitet sie zum Thema Umweltmanagement in medizinischen Einrichtungen.

Prof. Dr.-Ing.
INGO
MARSOLEK

war nach seinem Maschinenbaustudium an der Technischen Universität Berlin wissenschaftlicher Mitarbeiter am Lehrstuhl für Arbeitswissenschaft und Produktergonomie. Er war Alexander-von-Humboldt-Stipendiat und ist Gründungs- und Vorstandsmitglied des Institute for Health Care Systems Management Berlin e. G. Heute ist Ingo Marsolek Professor für Arbeits- und Produktgestaltung an der HTW Berlin.

Prof. Dr.
SABINE
NITSCHE

studierte Psychologie an der Technischen Universität Berlin (Dipl- Psych.) und Wirtschaftswissenschaften an der London School of Economics and Political Science (M.Sc.). Sie promovierte an der Universität St. Gallen mit dem Schwerpunkt Internationales Human Resource Management und ist seit 2010 Professorin für Personal und Organisation im Studiengang Wirtschaftsingenieurwesen an der HTW Berlin. Sabine Nitsche arbeitete im Personalmanagement von multinational operierenden Unternehmen (Royal Bank of Scotland, Merrill Lynch, CareerTrack und Toyota Motor Europe) und als Personalberaterin (Hudson Consulting) in London und Brüssel. Sie leitet, neben anderen Forschungsprojekten an der HTW, die Projekte „InnoGema" – Netzwerk für Innovatives Gesundheitsmanagement in Berlin und Brandenburg.

Dr.
HELLMUTH-
ALEXANDER
MEYER

studierte Biologie an der Freien Universität zu Berlin und promovierte am Max-Delbrück-Centrum für Molekulare Medizin, an der Harvard Medical School, Boston, und an der Universität Göttingen. Er forschte als wissenschaftlicher Mitarbeiter bei der Schering AG und an der Charité Berlin. Seit 2013 ist Hellmuth-Alexander Meyer wissenschaftlicher Mitarbeiter im Studiengang Life Science Engineering der HTW Berlin.

Prof. Dr.-Ing.
ANJA
PFENNIG

war nach dem Mineralogie-
studium an der Universität Bonn wissenschaftliche Mitarbeiterin an der Universität Erlangen
und promovierte 2001 über keramische Form-
schalen. Anschließend war sie bei Siemens
Energy verantwortlich für Brennkammersteine
in Gasturbinen, ehe sie während ihrer Eltern-
zeit zwischen 2006 und 2008 Stipendien erwarb
und seitdem in Kooperation zwischen der Bundesanstalt für Materialforschung und -prüfung
(BAM) und der HTW Berlin auf dem Gebiet der
Korrosion von Kraftwerkskomponenten forscht.
Seit 2009 ist Anja Pfennig als Professorin an der
HTW Berlin verantwortlich für das Fachgebiet
Werkstofftechnik.

Dipl.-Kfm.
PHILIPP
PEUSCH

studierte Betriebswirtschafts-
lehre an der Humboldt-Universität zu Berlin.
Seitdem plant und entwickelt er Projekte im
Bereich des betreuten Wohnens, Mehrgene-
rationenwohnens, Kindergärten, Gesundheit
sowie Energiewirtschaft. Philipp Peusch ist
kooptiertes Vorstandsmitglied des Grünes
Haus für Hellersdorf e. V. und engagiert sich
im Arbeiter-Samariter-Bund Deutschland e. V.
Er war wissenschaftlicher Mitarbeiter im Forschungsprojekt PflegeLanG und ist seit Oktober 2012 im Forschungsprojekt ZukunftPflege
tätig. Beides sind Verbundprojekte der Alice
Salomon Hochschule Berlin und der HTW Berlin.
Seit August 2013 arbeitet Philipp Peuschauch
im Forschungsprojekt IBenC-Identifying best
practices for care-dependent elderly by Benchmarking Costs and outcomes of Community Care
an der HTW Berlin mit.

B. Sc.
FLORIAN
PIEPEREIT

schloss eine Ausbildung zum Altenpfleger ab
und studiert seit 2008 Betriebliche Umweltinformatik an der HTW Berlin. Neben dem
Studium beschäftigt er sich mit Microcontroller-
Programmierung, Hardwareentwicklung und
3D Drucktechniken.

Prof.
FRANK REICHERT

war nach dem Studium der Energie- und Verfahrenstechnik an der Technischen Universität Berlin viele Jahre in leitender Position in der Anlagen- und Verfahrenstechnik der umwelttechnischen Industrie tätig. Seit 1995 ist er Professor für Umweltverfahrenstechnik an der HTW Berlin. Frank Reichert betreibt den HTW-Forschungs-OP und beschäftigt sich mit Fragen der Feinstaub- und Schwebstofffiltration, der Gastrenntechnik in Zu- und Abluftanlagen sowie der Raumluft- und Reinraumtechnik. In Kooperation mit der Akademie für Arbeitsmedizin und Gesundheitsschutz in der Ärztekammer Berlin arbeitet er auf dem Gebiet der verbesserten Luftreinhaltung am industriellen Arbeitsplatz. Frank Reichert ist Mitglied in Arbeitsgruppen des DIN, VDI und VDMA zur Raumluft- und Filtertechnik und DAkkS Fachexperte für das Messwesen in der Reinraumtechnik. Er hat über 100 Fachartikel und zahlreiche Fachvorträge veröffentlicht.

Prof. Dr.
JOCHEN PRÜMPER

ist Diplom-Psychologe und seit 1995 Professor für Wirtschafts- und Organisationspsychologie an der HTW Berlin. Seine Forschungsschwerpunkte liegen in den Bereichen betriebliches Gesundheitsmanagement (insbesondere betriebspraktische Umsetzung des Arbeitsschutzgesetzes, betriebliches Eingliederungsmanagement, betriebliche Gesundheitsförderung als Führungsaufgabe) sowie Einführung neuer Technologien unter besonderer Berücksichtigung der Organisation als sozio-technisches System sowie europäischer Standards.

Dr. phil.
**HAGEN
RINGSHAUSEN**

studierte Politikwissenschaften und Betriebspädagogik und promovierte zu organisationswissenschaftlichen Fragen der Unternehmensentwicklung. Er beriet kleine und mittelständische Unternehmen bei der Optimierung von Geschäftsabläufen bzw. Zertifizierungsprojekten nach ISO Standards. Nach mehrjähriger Tätigkeit als Consulting Manager für Beratungsgesellschaften wechselte er 2002 als Personalleiter ins Management der Deutschen Bahn AG. Seit 2008 ist Hagen Ringshausen wieder als Unternehmer tätig und leitet die DRC Consulting GmbH. Zu seinen Beratungsschwerpunkten zählen HR Interims- und Change Management, Personalstrategie, Management- und Organisationsentwicklung. Er publiziert und doziert regelmäßig zu aktuellen Fragestellungen in den Bereichen Führung, Personal- und Change Management.

Dr. oec.
**SABINE
RESZIES**

studierte Wissenschaftsorganisation an der Humboldt-Universität zu Berlin und promovierte zu Rahmenbedingungen der Organisationsgestaltung in kleinen und mittelständischen Unternehmen (KMU). Seit vielen Jahren widmet sie sich der Erforschung und Erprobung von innovativen Modellen zum Betrieblichen Gesundheitsmanagement in KMU. In Kooperation mit der Kaufmännischen Krankenkasse und der Verwaltungsberufsgenossenschaft arbeitet sie an einem Projekt zur Entwicklung von Netzwerkstrukturen für Betriebliches Gesundheitsmanagement im Land Brandenburg. Sabine Reszies war maßgeblich an der Entwicklung des Internetportals *www.innogema.de* beteiligt und betreut dieses seit 2007.

Prof. Dr.
**REINHOLD
ROSKI**

studierte Mathematik an der Universität Göttingen und promovierte im Bereich Betriebswirtschaftslehre. Im Gabler Verlag, einem Unternehmen der Bertelsmann-Gruppe, leitete er viele Jahre den Programmbereich Wissenschaft. An der HTW Berlin ist er Professor für Wirtschaftskommunikation mit den Schwerpunkten Marketing, Medienmanagement und Gesundheitskommunikation. Reinhold Roskis ist Herausgeber der Fachzeitschrift „Monitor Versorgungsforschung".

B. Sc.

MATHIAS
SCHIEMANN

absolvierte eine Ausbildung
zum Fachinformatiker und studiert seit 2009
Betriebliche Umweltinformatik an der HTW
Berlin. Als studentische Hilfskraft unterstützt
er die Administration und Dokumentation der
Computer der IT-Pools sowie Studierenden bei
ihren Plott- und Druckaufträgen.

Prof. Dr. jur.

ANDREAS
SCHMIDT-RÖGNITZ

studierte Rechtswissenschaften an der
Freien Universität Berlin, war dort wissenschaftlicher Mitarbeiter und promovierte
mit einer Arbeit über die Gewährung von alternativen sowie neuen Behandlungs- und
Heilmethoden durch die gesetzliche Krankenversicherung. Nach einer Tätigkeit als
Rechtsanwalt in der Münchener Kanzlei Nörr,
Stiefenhofer und Lutz wurde er 1997 als Professor für Allgemeines Wirtschaftsrecht,
Arbeits- und Sozialrecht an die HTW Berlin berufen. Die Lehr- und Forschungsschwerpunkte
von Andreas Schmidt-Rögnitz liegen im Bereich Arbeits- und Sozialversicherungsrecht.
Zwei Forschungsaufenthalte führten ihn an die
Yale University, New Haven (CT), USA.

Dipl.-Wi.Jur. (FH)

JACQUELINE
SCHOEN

studierte Wirtschaftsrecht an der HTW Berlin
und befasste sich in ihrer Abschlussarbeit
mit dem Thema Gesundheitsförderung und
-management klein- und mittelständischer
Unternehmen. Danach war sie für ambulante
und stationäre Pflegeeinrichtungen tätig
sowie bei der Siemens-Betriebskrankenkasse
für das Teilgebiet der Häuslichen Kranken-
pflege verantwortlich. Im Forschungsprojekt InnoGema – Netzwerkentwicklung für
innovatives Gesundheitsmanagement der
HTW Berlin oblagen ihr Aufgaben in den
Bereichen Netzwerkmanagement, Öffentlichkeitsarbeit, Statistik und Recht. Seit
2012 ist Jacqueline Schoen Mitarbeiterin
im Projekt „Zukunft Pflege" der Alice Salomon
Hochschule Berlin und der HTW Berlin sowie
seit 2013 im Forschungsprojekt IBenC – Identifying best practices for care-dependent
elderly by Benchmarking Costs and outcomes
of Community Care an der HTW Berlin.

B. Sc.

THOMAS
SCHULZE

absolvierte die Ausbildung
zum Elektroniker für Geräte und Systeme und
studiert seit 2011 Maschinenbau an der HTW
Berlin. Im Praktikum und nach der Bachelor-
thesis war er Mitglied der Forschungsgruppe
Schwingungsrisskorrosion an geothermalen
Kraftwerkskomponenten an der Bundesanstalt für Materialforschung und -prüfung
(BAM). Im Mittelpunkt seiner Beschäftigung
stand die Entwicklung und Konstruktion einer
hermetischen Pumpe zur Förderung von hoch
korrosiven Medien.

Dipl.-Ing.
TINA SKALE

studierte Energie- und Verfahrenstechnik an der Technischen Universität Berlin. Seit 2011 ist sie wissenschaftliche Mitarbeiterin an der HTW Berlin. In ihrer Arbeit untersucht sie die Filtration von Pickering Emulsionen. Zudem lehrt sie Maschinenelemente und betreut das Praktikum Mechanische Verfahrenstechnik/Fluiddynamik im Studiengang Life Science Engineering.

Dipl.- Chem.
LISA SCHUMACHER

studierte Chemie mit dem Schwerpunkt Enzymtechnologie an der Technischen Universität Berlin und ist seit 2011 wissenschaftliche Mitarbeiterin im Projekt BioPICK an der HTW Berlin. Hier beschäftigt sie sich mit Pickering Emulsionen als Zweiphasensysteme zum Einsatz in der Biokatalyse. Lisa Schumacher ist außerdem Lehrbeauftragte des Studiengangs für die Fächer Enzymtechnologie, Biokatalysatoren und Chemie.

Dipl.-Kfm. (FH)
DANIEL STOEFF

studierte Betriebswirtschaftslehre an der HTW Berlin. Zuvor hat er in der Xerox Deutschland GmbH Bereiche im direkten und indirekten Vertrieb aufgebaut und geführt. Nach seinem Studium arbeitete Daniel Stoeff im strategischen Bereich der Marketingabteilung der Konzernzentrale sowie als Assistent der Geschäftsführung in zwei Krankenhäusern der HELIOS Kliniken GmbH. Von 2011 bis 2013 beschäftigte er sich an der HTW Berlin als Forschungsassistent von Prof. Dr. Karin Wagner mit dem Thema „Lab-on-a-chip". Seit 2013 arbeitet Daniel Stoeff als Chief Financial Officer bei M2-Automation und koordiniert die internen und externen Projekte des Unternehmens.

Dipl.-Wirt.-Ing. (FH)
ANDREA SCHUSTER

war nach ihrem Studium unter anderem als Projektleiterin bei einer Berliner Unternehmensberatung mit Schwerpunkt Gesundheitswesen tätig. Anschließend war sie Gründerin und Geschäftsführerin eines Unternehmens für Umwelttechnik im Bereich Healthcare International. Seit 2010 ist sie Projektkoordinatorin für den Forschungsbereich Ambient Assisted Living an der HTW Berlin.

Prof. Dr.

**RUDOLF
SWAT**

ist seit 1998 Professor im Studiengang Wirtschaftsinformatik an der HTW Berlin und auf den Arbeitsgebieten Quantitative Methoden, Statistik und Data Mining tätig.

Univ.-Prof. Dr.

**THOMAS
TOLXDORFF**

ist Geschäftsführender Direktor des Instituts für Medizinische Informatik der Charité – Universitätsmedizin Berlin. Zu seinen Forschungsschwerpunkten gehören die Medizinische Bildverarbeitung, insbesondere experimentelle Kernresonanztomographie und virtuelle Realität, sowie Big Data, Ontologien und GRID-Computing in der Medizin.

Prof. Dr.

**KARIN
WAGNER**

ist seit 1994 Professorin für Produktions- und Logistikmanagement an der HTW Berlin. Ihr Forschungsinteresse gilt der internationalen Wettbewerbsfähigkeit in der Industrie und im Dienstleistungssektor, insbesondere der Prozessoptimierung im Banken- und Krankenhausmanagement. Die Ergebnisse wurden in namhaften amerikanischen, britischen und deutschen Zeitschriften publiziert. Es besteht eine Forschungskooperation mit Unternehmen, die die Umsetzung der Entwicklung miniaturisierter Produktentwicklung in der Medizintechnik in einen effizienten Produktions- und Distributionsprozess vorantreiben.

Prof.

**BIRGIT
WELLER**

ist Produktdesignerin. Nach dem 1985 an der Kunsthochschule Berlin erworbenen Diplom arbeitete sie als Designerin bei LEW/AEG Transportation. Seitdem ist sie in den Bereichen Transportation-, Investitions- und Konsumgüterdesign, Ausstellungsgestaltung und strategische Designberatung für weltweit agierende Unternehmen tätig. Birgit Weller wirkt seit 2002 im Vorstand des Internationalen Designzentrums Berlin, seit 2005 im internationalen Netzwerk INAREA und ist Mitbegründerin des Berliner Büros use: identity and design network. Seit 2012 ist Birgit Weller Professorin für Industrial Design an der HTW Berlin. Forschungsschwerpunkte sind u. a. Entwurfsmethodik sowie Universal Design Thinking im interkulturellen Kontext. Seit 2009 ist sie außerdem Gastprofessorin am National Institute of Design (NID) Indien.

Prof. Dr. rer. nat..
TILO
WENDLER

studierte Mathematik und Physik sowie Informatik. Nach 1997 war er als Produkt- und Projektmanager im Bereich Finanzdienstleistungen tätig. Sein Interesse an der Lösung praktischer Fragestellungen mit mathematisch-statistischen Methoden in Kombination mit Informationstechnologie führte ihn zur Promotion im Fachgebiet Multivariate Statistik. Tilo Wendler fungierte viele Jahre als Abteilungsdirektor im Bereich Hauptgeschäftsführung eines Bankenverbandes. Dort arbeitete er mit Großbanken und internationalen Ratingagenturen zusammen. Tilo Wendler kann auf zahlreiche Publikationen verweisen. Seit 2013 ist er Professor für Quantitative Methoden an der HTW Berlin. Forschungsgebiete sind die Anwendung statistischer multivariater Methoden sowie LISREL-Modelle und das Data Mining mit R sowie dem SPSS Modeler.

M.Sc.
MARCUS
WOLF

absolvierte nach seiner Ausbildung und Tätigkeit als Feinmechaniker beim Max-Planck-Institut für Sonnensystemforschung ein Maschinenbaustudium an der HTW Berlin. Während seines Studiums arbeitete er für die Berliner Unternehmen Selux, Rolls-Royce-Deutschland und die Materialforschung und -prüfung (BAM). Im Mai 2013 schloss er sein Masterstudium mit Auszeichnung ab und erhielt 2014 den Erhard-Höpfner-Preis. Seitdem ist Marcus Wolf im Bereich der Betriebsfestigkeit der BAM tätig.

B. Sc.
LUDMILLA
WIEBE

studierte Pharma- und Chemietechnik an der Beuth Hochschule für Technik Berlin. Ihre Bachelorarbeit fertigte sie an der Bundesanstalt für Materialforschung und -prüfung (BAM) auf dem Gebiet der mikrobiologischen Untersuchung von Medizinprodukten an. Seit Oktober 2012 studiert Ludmilla Wiebe Life Science Engineering (Master) an der HTW Berlin.

Dipl.-Inform. Med.
JIE
WU

ist wissenschaftliche Mitarbeiterin des Instituts für Medizinische Informatik der Charité – Universitätsmedizin Berlin. Zu ihren Forschungsschwerpunkten gehören medizinischer Datenschutz und Datensicherheit im Grid- und Cloudcomputing, insbesondere in der bildbasierten biomedizinischen Forschung.

IMPRESSUM

HERAUSGEBER
HTW Berlin, Matthias Knaut

PRODUKTION
Gisela Hüttinger, Sabine Middendorf

LAYOUT UND SATZ
Franziska Müller, Gregor Strutz
http://www.gestaltung-fuer-alle.de

REDAKTIONSSCHLUSS
April 2014

ISBN 978-3-8305-3368-9

© 2014 BWV • BERLINER WISSENSCHAFTS-VERLAG GmbH
Markgrafenstraße 12–14, 10969 Berlin

E-Mail: bwv@bwv-verlag.de
Internet: http://www.bwv-verlag.de